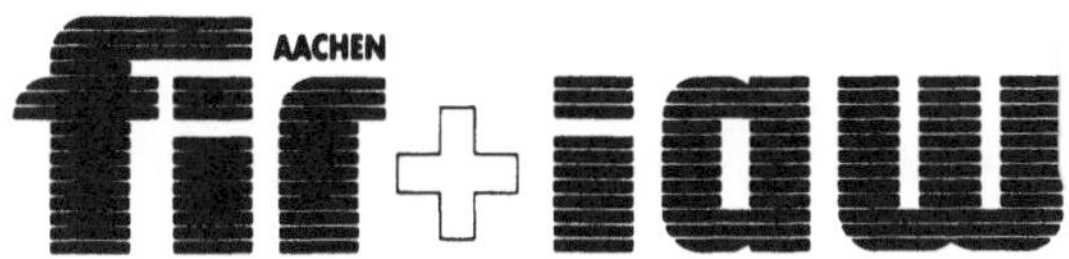

Forschung für die Praxis • Band 22

**Berichte aus dem
Forschungsinstitut für Rationalisierung (FIR)
und dem Lehrstuhl und Institut
für Arbeitswissenschaft (IAW)
der Rheinisch-Westfälischen
Technischen Hochschule Aachen**

Herausgeber: Univ.-Prof. Dr.-Ing. R. Hackstein

P. Hartung

Sicherheit bei Instandhaltungsarbeiten

Methode zur Ermittlung von Gefährdungen

Mit 81 Abbildungen

Springer-Verlag
Berlin Heidelberg New York
London Paris Tokyo 1989

Dipl.-Ing. Peter Hartung
Forschungsinstitut für Rationalisierung
an der Rheinisch-Westfälischen Technischen Hochschule Aachen

Univ.-Prof. Dr.-Ing. Rolf Hackstein
Inhaber des Lehrstuhls und Direktor des Instituts für Arbeitswissenschaft,
Direktor des Forschungsinstituts für Rationalisierung an der Rheinisch-
Westfälischen Technischen Hochschule Aachen

D 82 (Diss. TH Aachen)
Methode zur Ermittlung von Gefährdungen
bei Instandhaltungsarbeiten

ISBN-13:978-3-540-50748-2   e-ISBN-13:978-3-642-83704-3
DOI: 10.1007/978-3-642-83704-3

Vorwort des Herausgebers

Die Mechanisierung und Automatisierung der industriellen Produktion hat in den vergangenen Jahren weiter ständig zugenommen. Begriffe wie "Flexible Fertigungssysteme", "Robotereinsatz" oder "CNC-Maschinen" sind einige Deskriptoren dieser Entwicklung. Mit steigender Komplexität der eingesetzten Anlagen, Maschinen und Verfahren erhöhen sich auch die Anforderungen an die Organisation des Zusammenwirkens von Mensch, Betriebsmittel und Material. Die Beherrschung und Verbesserung dieser Ablauforganisation wird mehr und mehr zum entscheidenden Faktor für einen erfolgreichen Einsatz moderner Produktionstechnologien.

Die Ablauforganisation in den Fabriken der Zukunft wird vom Einsatz der Informationstechnik geprägt sein. Einen der Anwendungsschwerpunkte der Informationstechnik in der Ablauforganisation von Produktionsbetrieben bildet der Einsatz von Informationssystemen für die Planung und Steuerungen von Produktionsabläufen einschließlich des Transportes und der Lagerung.

Der Erfolg solcher Informationssysteme ist in besonderem Maße davon abhängig, wie gut es gelingt, bei der Entwicklung und beim Einsatz der Systeme gleichermaßen sowohl die technisch-organisatorischen als auch die humanen (arbeitswissenschaftlichen) Aspekte zu berücksichtigen. Während sich die technologische Entwicklung nämlich auf dem Hardware-Sektor äußerst rasant vollzieht, ist zu beobachten, daß zwischen der durch die Hardware gebotenen Möglichkeiten und der durch entsprechende Methoden und Programme (Software) realisierten Anwendungen eine immer größere Lücke entsteht, die als "Software-Lücke" bezeichnet wird.

Erfolge beim betrieblichen Einsatz können weiterhin aber auch nur dann erreicht werden, wenn der Mensch die oben genannten Informationssysteme akzeptiert. Das aber gelingt nur, wenn der Mensch die sich ergebenden Veränderungen positiv bewältigen kann. Da bisher zu wenig Beweglichkeit, Einfallsreichtum und

Flexibilität bei der Entwicklung neuer Bedingungen für die Gestaltung der Arbeitszeit, des Arbeitsplatzes, des Arbeitskräfteeinsatzes, der Arbeitsorganisation und ähnlichem festzustellen ist, zeigt sich hier eine zweite, immer größer werdende Lücke, die vielfach als "Akzeptanzlücke" bezeichnet wird und die in ihren negativen Auswirkungen der "Software-Lücke" sicherlich nicht nachsteht.

Darüber hinaus ist es heute im Hinblick auf die Wirtschaftlichkeit von Neuen Technologien noch allzu häufig üblich, daß man unter der Forderung nach "geringeren Kosten" vorzugsweise "geringere Produktionskosten" und unter "höherer Leistung" vorzugsweise "höhere menschliche Anstrengung" versteht. Es erhebt sich aber vor dem Hintergrund der Massenarbeitslosigkeit die Frage, inwieweit man heute Neue Technologien als Ersatz für Alte Technologien vorzugsweise durch Reduzierung der Personalkosten anstreben muß und man höhere Leistung vorzugsweise nur durch Erhöhung der menschlichen Anstrengung erreichen kann.

Industrielle Führungskräfte sollen hingegen wissen, daß gerade die mit dem Begriff des Computers verbundenen Neuen Technologien so gestaltbar sind, daß dem Menschen nicht höhere Anstrengungen zugemutet wird; sondern der Computer die Arbeit des Menschen so unterstützen kann, daß das Leistungsergebnis - und darauf kommt es ja an - verbessert wird. Es ist folglich zu prüfen, welche Neuen Technologien geeignet sind, sowohl die Wirtschaftlichkeit zu steigern, als auch den Personalfreisetzungseffekt zu vermeiden.

Die Arbeiten des beiden vom Herausgeber geleiteten Institute, des Forschungsinstitutes für Rationalisierung (FIR) in Aachen und des Lehrstuhls und Institutes für Arbeitswissenschaft der RWTH Aachen (IAW), sind vor diesem Hintergrund darauf gerichtet, Beitäge zur Schließung der angezeigten Lücken und zur Realisierung der genannten Forderungen zu leisten. Zur Umsetzung gewonnener Erkenntnisse wird die Schriftenreihe "FIR-IAW-Forschung für die Praxis" herausgegeben. Der vorlegende Band setzt diese Reihe fort. Die bisher erschienenen Titel sind am Schluß dieses Bandes aufgeführt.

Dem Verdasser danke ich für die geleistete Arbeit, dem Verlag für die Aufnahme dieser Schriftenreihe in sein Programm und allen anderen Beteiligten für ihren Beitrag zum Gelingen des Bandes.

Rolf Hackstein

Inhaltsverzeichnis

1 Problemstellung und Zielsetzung

Der Erhalt von Leben und Gesundheit bei der Berufsausübung ist
eine fundamentale Bestrebung der Menschheit und zugleich einer
ihrer ältesten Ansprüche. Er wurde in alten Gesetzesbüchern wie
z.B. dem CODEX HAMMURAPI (ca. 1700 v.Chr.), im ALTEN TESTAMENT,
im 5. Buch Moses, Kapitel 22, Vers 8 (ca. 1000 v.Chr.) und von
HIPPOKRATES (ca. 400 v.Chr.) statuiert. Das Ziel dieses Strebens, ein gefahrenfreier[1] Zustand bei der Berufsausübung, wird
als Arbeitssicherheit bezeichnet.

Über die Gründe des Strebens nach Arbeitssicherheit besteht
heute unter allen gesellschaftlichen Gruppen unseres Staates
ein breiter Konsens. Sowohl aus ethisch-moralischen und recht-
lichen als auch aus betriebswirtschaftlichen und volkswirt-
schaftlichen Gründen soll ein möglichst gefahrenfreier Zustand
bei der Berufsausübung erreicht werden (vgl. SKIBA 1985,
S. 20f):

Die Achtung der Menschenwürde und die körperliche Unversehrt-
heit stellen in unserer Gesellschaft zwei der wichtigsten
Grundwerte dar. Dies ist in Artikel 1, Ziffer 1 und Artikel 2,
Ziffer 2 des Grundgesetzes der Bundesrepublik Deutschland
manifestiert. Die genannten Grundrechte haben ihren Nieder-
schlag bereits im Jahr 1977 in ca. 2.500 Gesetzen, Vorschrif-
ten, Normen und Richtlinien gefunden (vgl. SCHNEIDER 1984,
S. 11; HACKSTEIN 1977b, S. 272ff). Die Zahl der Bestimmungen
ist zwischenzeitlich weiter gestiegen. U.a. durch die Nichtbe-
achtung dieser Bestimmungen entstehen den Unternehmen aufgrund
von Arbeitsunfällen erhebliche Kosten, die jedoch meist nur
schwer bestimmbar sind (vgl. HACKSTEIN 1977b, S. 310). Die Kosten, die der Volkswirtschaft durch die Ausgaben der Träger
der gesetzlichen Unfallversicherungen im Jahr 1985 allein

---

1) Die Definition des Begriffs "Gefahr" und weiterer Begriffe
   im Zusammenhang mit der Arbeitssicherheit erfolgen in Kapitel 2.

aufgrund meldepflichtiger[1] Arbeitsunfälle[2] entstanden, betrugen 12,5 Mrd. DM (nach BUNDESMINISTER FÜR ARBEIT UND SOZIALORDNUNG 1986, S. 31).

Bisher wurde der angestrebte gefahrenfreie Zustand bei der Berufsausübung aber noch nicht annähernd erreicht. Dies verdeutlichen einige Zahlen: Im Jahr 1985 waren beispielsweise ca. 1,166 Mio. meldepflichtige Unfälle allein in der gewerblichen Wirtschaft zu verzeichnen, ca. 34.000 Arbeitnehmer wurden arbeitsunfähig und ca. 1.200 starben an den Folgen eines Unfalls (nach BUNDESMINISTER FÜR ARBEIT UND SOZIALORDNUNG 1986, Schaubild 2, Schaubild 4 und Übersicht 2).

Bei den Unfällen bildet die "Instandhaltung" seit mehreren Jahren hinter dem Unfallschwerpunkt "Transportarbeiten" den wichtigsten Unfallschwerpunkt. In der gewerblichen Wirtschaft ereignen sich ca. ein Viertel aller tödlichen Unfälle bei Instandhaltungsarbeiten; damit liegt diese Zahl um etwa 67% höher als die Zahl der tödlichen Unfälle bei Fertigungsarbeiten (nach HENTER/HERMANNS 1987b, S. 3). Seit dem Jahr 1982 stieg der Anteil der Instandhaltungsunfälle mit tödlichem Ausgang von etwa 17% auf zirka 25% (vgl. Abbildung 1-1). In einigen Branchen stellen Unfälle bei Instandhaltungsarbeiten den Unfallschwerpunkt Nr. 1 dar (vgl. WIRTSCHAFTSVEREINIGUNG EISEN- UND STAHLINDUSTRIE 1986, S. 13).

Die Gründe für die besondere Gefährdung des Instandhaltungspersonals sind vielfältig (siehe Abbildung 1-2). Instandhaltungsarbeiten werden häufig bei außerkraftgesetzten Schutzeinrichtungen oder laufenden Maschinen (z.B. bei Inspektionen) durchgeführt (vgl. WARNECKE/UETZ 1979, S. 528f); hierbei können hohe potentielle und kinetische Energien wirksam werden. Die

---

1) Unfälle, die eine Ausfallzeit von mehr als 3 Tagen zur Folge haben.

2) Im folgenden werden Arbeitsunfälle kurz als Unfälle bezeichnet.

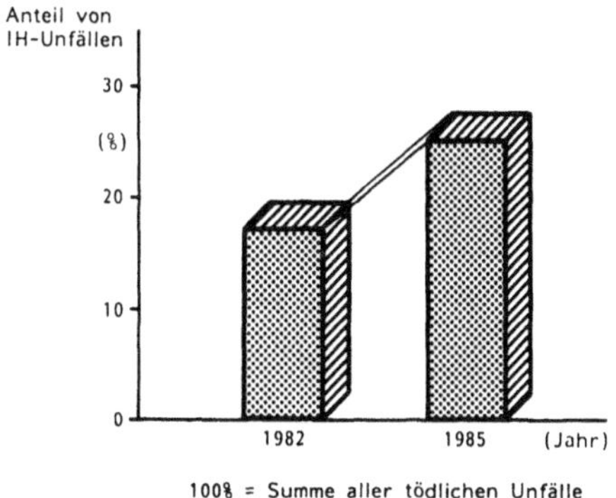

Abb. 1-1: Steigender Anteil von Instandhaltungsunfällen an den tödlichen Unfällen

Arbeiten erfolgen oft unter widrigen Umgebungsbedingungen (z.B. Hitze, Feuchtigkeit, diffuses Licht und schlechte Platzverhältnisse). Aufgrund des hohen Zeitdruckes, der meist bei der Durchführung von Instandhaltungsarbeiten herrscht, wird oftmals improvisiert bzw. mit ungeeigneten Hilfsmitteln - wie falschem Werkzeug - gearbeitet. Mangelnde organisatorische und technische Vorbereitung, mangelnde Schutzkleidung und mangelnde Qualifikation des Instandhaltungspersonals sind weitere Gründe für Gefährdungen.

Der Anteil der Unfälle bei Instandhaltungsarbeiten am gesamten Unfallgeschehen wird sich, wenn nicht entsprechende Gegenmaßnahmen getroffen werden, noch weiter erhöhen. Ursachen hierfür werden sowohl die wachsende Zahl der Instandhalter als auch neuartige Gefährdungen sein, die u.a. durch die Einführung neuer Technologien entstehen (vgl. HARTUNG 1988a, S. 2). Dies bestätigen Untersuchungen an automatisch kraftbetriebenen Arbeitsmitteln (vgl. PREIS 1978, S. 186). Die instandzuhaltenden Betriebsmittel werden komplexer, die Art der Instandhaltungsarbeiten ändert sich und die Belastung des Personals steigt aufgrund der Forderungen nach höherer Verfügbarkeit der Produktionsanlagen. Die Instandhaltungsorganisation wird dem-

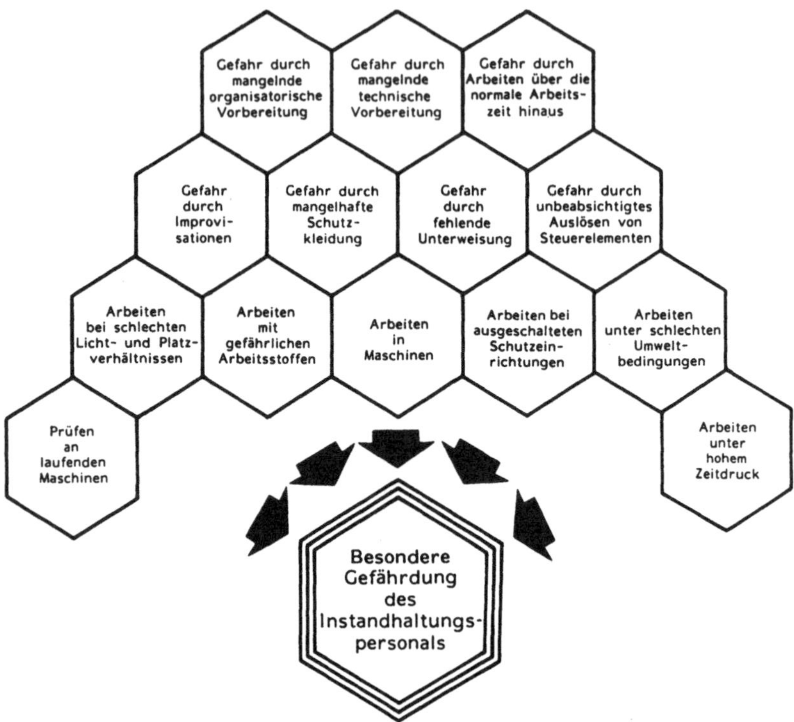

Abb. 1-2:   Ursachen für die Gefährdung des Instandhaltungs-
            personals

gegenüber nicht - bzw. erst mit zeitlichem Versatz - an die
neuen Gegebenheiten angepaßt.

Obwohl der Unfallschwerpunkt "Instandhaltung" seit Jahren bekannt ist (vgl. WIRTSCHAFTSVEREINIGUNG EISEN- UND STAHLINDU-
STRIE 1970, S. 2; WARNECKE 1977, S. 97; HAGENKÖTTER 1977,
S. 33; SIMON 1979, S. 82; HENTER u.a. 1980, S. 30; RAUSCHHOFER
1981, S. 737; NAUHOLZ 1982, S. 23; STRNAD/VORATH 1984, S. 231;
MASCHINENBAU- UND KLEINEISENBERUFSGENOSSENSCHAFT 1985, S. 95)
und die Dringlichkeit notwendiger Ursachenforschung wiederholt
betont wurde (vgl. SCHNADT u.a. 1973, S. 66f; WARNECKE/UETZ
1979, S. 530; WERNER u.a. 1979, S. 61ff), sind bis auf wenige

Ausnahmen noch keine Untersuchungen zur Erhöhung der Arbeitssicherheit speziell für den Bereich der Instandhaltungsarbeiten
bekannt geworden.

Die Zurückhaltung bei der Durchführung von Analysen zur Ermittlung der Arbeitssicherheit im Bereich "Instandhaltung" ist u.a.
darin begründet, daß sowohl

- das Spektrum der Instandhaltungsaufgaben sowie das Spektrum der instandzuhaltenden Objekte komplex sind,

- die Anzahl der Unfälle[1] bei Instandhaltungsarbeiten unterschätzt wird,

- die Instandhaltung immer noch als Randbereich der Produktion angesehen wird sowie

- Analysen von Instandhaltungsunfällen allein mit Hilfe der
  Einteilungen der Merkmalsausprägungen, die zur Auswertung
  der Unfallmeldebögen der Berufsgenossenschaften herangezogen werden, kaum möglich sind.

Darüber hinaus fehlen für systematische Untersuchungen zur
Analyse der Gefährdungen bei Instandhaltungsarbeiten wichtige
Grundlagen; insbesondere existiert kein methodischer Ansatz
zur Ermittlung von Gefährdungen. Bisher wurde noch nicht untersucht, ob eine der zur Zeit eingesetzten Methoden zur Ermittlung von Gefährdungen auch im Bereich "Instandhaltung" angewendet werden kann oder eine neue Methode entwickelt werden
muß, die die speziellen Randbedingungen der Instandhaltung
berücksichtigt.

Vor diesem Hintergrund erscheint es erforderlich, die notwendigen Grundlagen für die Analyse von Gefährdungen bei Instand-

---

1) Unfälle können als Indikatoren für Gefährdungen herangezogen
   werden (vgl. Kapitel 2).

haltungsarbeiten aufzubauen. Das Ziel dieser Arbeit besteht somit in der Entwicklung einer Methode zur Ermittlung von Gefährdungen bei Instandhaltungsarbeiten. Aufbauend auf den Ergebnissen der Methodenanwendung sollen letztlich Maßnahmen zur Erhöhung der Arbeitssicherheit ableitbar sein. Die zu entwickelnde Methode wird nicht die Methoden im Rahmen des "sicherheitsgerechten Konstruierens" ersetzen (vgl. PAHL 1975, S. 457ff), sondern ist vielmehr als Ergänzung zu verstehen. Sie sollte nicht nur in der Praxis leicht eingesetzt werden können, sondern auch effizient sein und reproduzierbare und aussagefähige Ergebnisse liefern. Ein exemplarischer Einsatz soll die Praktikabilität der Methode und das Zusammenwirken der Arbeitsschritte der entwickelten Methode mit den weiteren Arbeitsschritten zur Erhöhung der Arbeitssicherheit (z.B. Bedingungsanalyse; vgl. Kapitel 4.1) nachweisen. In diesem Praxistest sollen Lösungsvorschläge zur Vermeidung von Gefährdungen bei Instandhaltungsarbeiten für einen besonders gefährdeten Bereich ermittelt werden.

2 Begriffsinhalte und -definitionen

Da innerhalb der Gebiete "Sicherheitswissenschaft" und "Instandhaltung" für gleiche Begriffe verschiedene Definitionen existieren, sind die für diese Arbeit wichtigen Begriffe eindeutig zu definieren. Soweit notwendig werden die Begriffe über die Definition hinaus ausführlicher beschrieben. Die Begriffsinhalte und die Definition der Begriffe bilden die Grundlage für die weiteren Ausführungen.

Sicherheitswissenschaft

Unter Sicherheitswissenschaft wird das wissenschaftliche Befassen mit der Gewährleistung von gefahrenfreien bzw. gefahrenarmen Zuständen verstanden (nach SKIBA 1985, S. 468).

Arbeitsschutz

Der Arbeitsschutz ist dem Aufgabenspektrum der Arbeitswissenschaft zuzuordnen (nach BECKER 1986, S. 32; vgl. GIESE 1932, S. 97; EBERS u.a. 1967, S. 57; MATTHES 1971, S. 73). Der Arbeitsschutz ist der Schutz der Beschäftigten vor berufsbedingten Gefahren und schädigenden Belastungen. Ziele des Arbeitsschutzes sind Arbeitssicherheit und Arbeitserleichterung (nach SKIBA 1985, S. 467).

Arbeitssicherheit

Unter Arbeitssicherheit wird - wie bereits erwähnt - der "gefahrenfreie Zustand bei der Berufsausübung" verstanden (nach SKIBA 1985, S. 467). Dieser Zustand ist durch Realisierung folgender Teilziele zu erreichen (in Anlehnung an HAGENKÖTTER u.a. 1973, S. 8ff):

- angemessene Arbeitsbedingungen,
- anforderungsgerechtes Verhalten des Menschen,

- menschengerechte Gestaltung der persönlichen Bedingungen
  im Betrieb,
- arbeitsplatzunabhängiges Wohlbefinden,
- menschengerechte Gestaltung der Objekte und des Arbeits-
  prozesses,
- technische Zuverlässigkeit und
- Schutz des Körpers (siehe Abbildung 2-1).

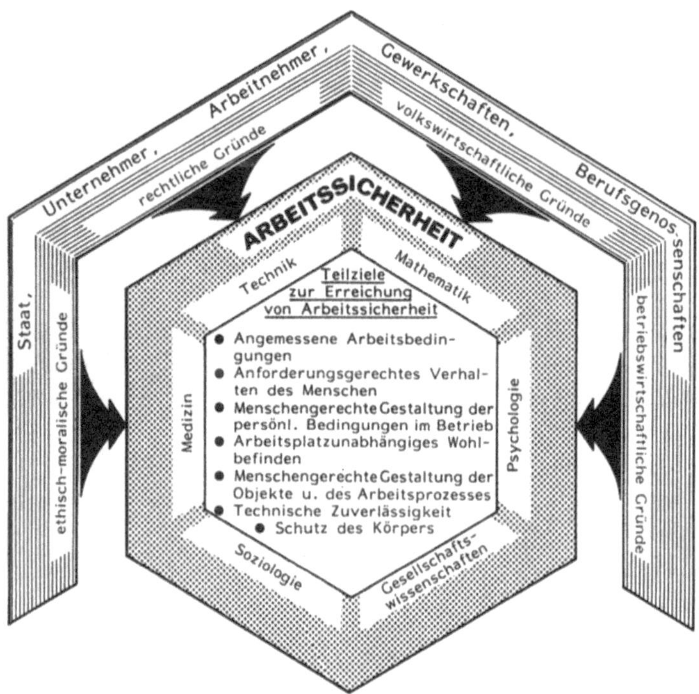

Abb. 2-1: Arbeitssicherheit - Gründe, Fachbereiche und Ziele
           (vgl. BURGER 1975, S. 51; verändert nach HAGENKÖTTER
           u.a. 1973, S. 8ff)

Diese Teilziele der Arbeitssicherheit sind nur auf der Basis
interdisziplinärer Zusammenarbeit erreichbar. Verschiedene
Fachbereiche der

- Soziologie,
- Psychologie,
- Medizin,
- Technik,
- Gesellschaftswissenschaften und der
- Mathematik (siehe Abbildung 2-1, vgl. BURGER 1975, S. 51).

müssen an der Erarbeitung einer gesamtheitlichen Problemlösung beteiligt sein.

Für die weitere Begriffsbestimmung soll zwischen dem Subjekt und dem Objekt in der "Sicherheitswissenschaft" unterschieden werden. Der Mensch wird im Zusammenhang mit der Arbeitssicherheit als Subjekt und der unfallverursachende Gegenstand[1] als Objekt verstanden[2] (vgl. ROHMERT 1967, S. 227).

Unfall

Wenn durch das ungewollte und plötzliche Zusammentreffen von Subjekt und Objekt ein Körperschaden entsteht, wird dieser Sachverhalt als "Unfall" bezeichnet (vgl. SKIBA 1985, S. 28f; siehe Modell zum Begriff "Unfall" in Abbildung 2-2). COMPES

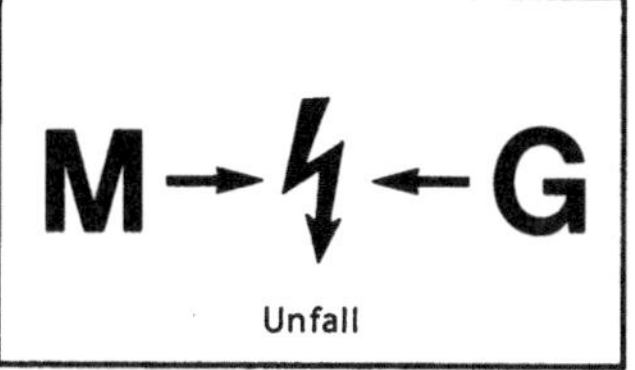

Abb. 2-2:   Modell zum Begriff "Unfall" (vgl. SKIBA 1973, S. 4)

---

1) Im erweiterten Sinne werden in der Arbeitssicherheit unter dem Begriff "unfallverursachender Gegenstand", im folgenden als "Unfallgegenstand" bezeichnet, auch Begriffe wie Dampf und Strahlung subsumiert.

2) Umfangreiche Diskussionen zu Begriffen im Zusammenhang mit der Arbeitssicherheit befinden sich z.B. bei STENGER (1978, S. 28ff) und MITTENECKER (1962, S. 1ff).

(1963, S. 15ff) und andere Autoren beziehen neben dem Körperschaden auch den Sachschaden ein. Da die Sicherheitswissenschaft den Menschen in den Mittelpunkt der Betrachtungen
stellt, wird die Definition in diesem Zusammenhang auf Körper-
schäden beschränkt.

Gefahr

Im Zusammenhang mit dem Begriff "Unfall" stehen die Begriffe
"Gefahr" und "Gefährdung". Eine "Gefahr" ist die Eigenschaft
eines Gegenstandes oder Menschen, die einen Unfall ermöglicht
(vgl. SKIBA 1985, S. 29f). Bei einer Gefahr sind die Wirkungs-
bereiche[1] von Mensch und Gegenstand bzw. Mensch und Mensch in
dem Maße räumlich und/oder zeitlich voneinander getrennt, daß
es zu keinem Unfall kommt (siehe Modell zum Begriff "Gefahr" in
Abbildung 2-3). Eine schwebende Last z.B., die sich nicht im
Wirkungsbereich eines Menschen befindet, wird somit als Gefahr
bezeichnet.

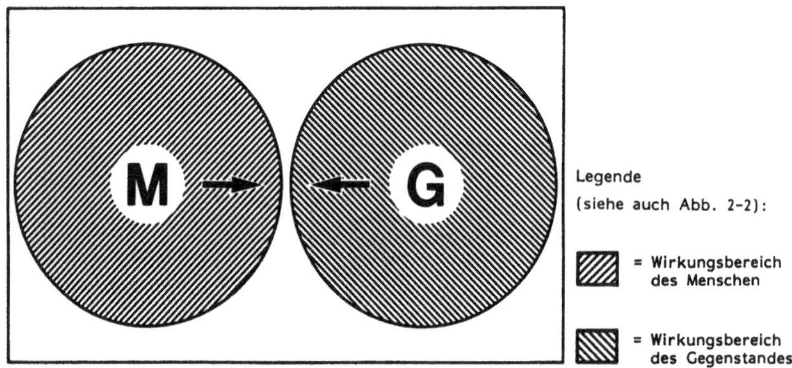

Abb. 2-3: Modell zum Begriff "Gefahr" (räumliche und/oder
           zeitliche Trennung von Mensch und Unfallgegenstand;
           vgl. SKIBA 1985, S. 29)

---

1) Als Wirkungsbereich des Menschen wird jener Bereich verstanden, den dieser bei "normaler Verhaltensweise" erreicht;
   entsprechendes gilt für den Unfallgegenstand.

Gefährdung

Kann es dagegen zu einem räumlichen und zeitlichen Zusammentreffen von Mensch und Gegenstand kommen, wird von "Gefährdung"
gesprochen (siehe Abbildung 2-4; vgl. SKIBA 1985, S. 30). Anzu-
merken ist, daß eine Gefährdung nicht zwangsläufig zu einem
Unfall führen muß.

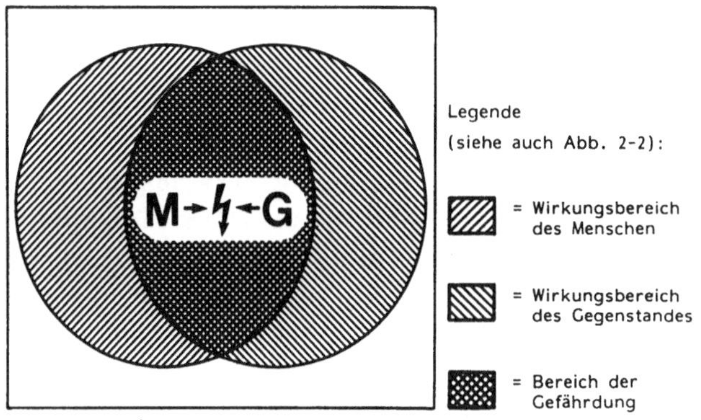

Abb. 2-4: Modell zum Begriff "Gefährdung" (räumliches und
zeitliches Zusammentreffen von Mensch und Unfallgegenstand; vgl. SKIBA 1985, S. 29)

Für das oben genannte Beispiel heißt dies: Erst wenn ein Mensch
in den Wirkungsbereich der schwebenden Last kommen kann, wird
aus der Gefahr eine Gefährdung. Ein geschehener Unfall kann
als Indikator für eine existierende Gefährdung verwendet werden. Sind sämtliche Indikatoren für ein definiertes Untersuchungsfeld über einen längeren Zeitraum, z.B. 10^5 Mannstunden,
erfaßt worden, so kann davon ausgegangen werden, daß die wesentlichen Gefährdungen ermittelt worden sind, die in der
Praxis zu Unfällen führen und die für die Arbeit der Fachkräfte
für Arbeitssicherheit von Bedeutung sind (vgl. MÜLLER 1976,
S. 41 und S. 49). Eine Unfalleintrittswahrscheinlichkeit von
weniger als einem Ereignis in 10^5 Stunden wird als "unwahrscheinlich" bzw. "sehr unwahrscheinlich" bezeichnet (nach
PETERS/MEYNA 1985, S. 627). Ein Untersuchungszeitraum von 10^5
Mannstunden bedeutet, daß z.B. in einem kontinuierlich arbei-

tenden Instandhaltungsbetrieb, in dem drei Instandhalter tätig sind, das Unfallgeschehen über zirka 3,8 Jahre beobachtet werden muß.

Gefährdungsschwerpunkt

Ein Gefährdungsschwerpunkt ist die Konzentration von gleichen oder ähnlichen Gefährdungen.

Unfallschwerpunkt

Ein Unfallschwerpunkt ist die Konzentration von gleichen oder ähnlichen Unfällen. Unfallschwerpunkte können in Form von Häufigkeiten und/oder Schwere von Unfällen angegeben werden (vgl. SKIBA 1985, S. 469). Es besteht die Möglichkeit, diese auf die Expositionszeit der bestehenden Gefährdung zu beziehen. Unter bestimmten Bedingungen (vgl. Definition "Unfall") können Unfallschwerpunkte alle zu Unfällen führenden Gefährdungsschwerpunkte anzeigen. In diesem Fall stellen die ermittelten Unfallschwerpunkte Gefährdungsschwerpunkte dar.

Unfalltyp

Eine Konzentration von Unfällen wird als Unfalltyp bezeichnet, wenn die Ausprägungen **bestimmter** den Unfall beschreibender Merkmale (z.B. Unfallgegenstand, Unfallort, Unfallvorgang) gleich sind. Ein Unfalltyp stellt nach dieser Definition somit auch einen Unfallschwerpunkt dar.

Unfallklasse

Als Unfallklasse wird eine Konzentration von Unfällen bezeichnet, die mit Hilfe einer Clusteranalyse zu einer Klasse (Cluster, Gruppe) zusammengefaßt worden sind.

Instandhaltung

Unter Instandhaltung werden "Maßnahmen zur Bewahrung und Wiederherstellung des Sollzustandes sowie zur Feststellung und Beurteilung des Istzustandes von technischen Mitteln eines Systems" (DIN 31051, 1982, S. 1) verstanden. Die Instandhaltung wird in

- Wartung,
- Inspektion und
- Instandsetzung

eingeteilt[1] (siehe Abbildung 2-5).

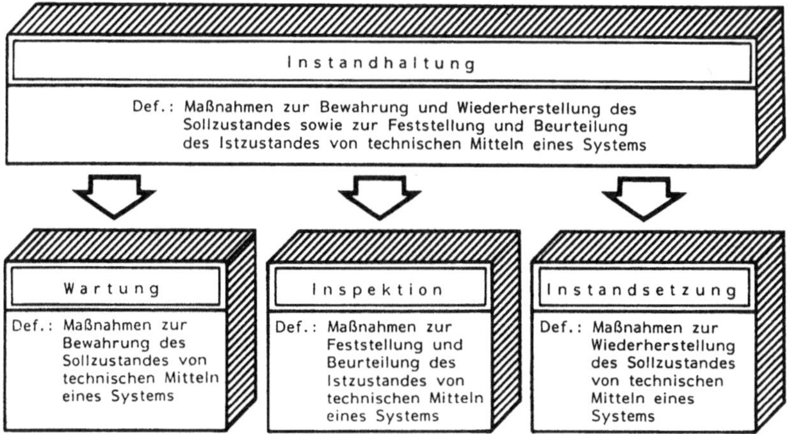

Abb. 2-5: Definition und Gliederung der Instandhaltung nach DIN 31051 (1982, S. 1f)

---

[1] Umfangreiche Diskussionen zu Begriffen im Zusammenhang mit der Instandhaltung befinden sich z.B. bei WARNECKE (1981, S. 15ff).

3 Stand der Forschung

Während in den letzten 10 bis 15 Jahren eine Fülle von Arbeiten zum Thema "Arbeitssicherheit" erschienen ist, fällt die Anzahl der Untersuchungen, die sich speziell mit der "Arbeitssicherheit in der Instandhaltung" beschäftigen, eher bescheiden aus. Obwohl die Arbeitssicherheit bei Instandhaltungsarbeiten enorme Defizite aufweist (vgl. Kapitel 1), vernachlässigen die meisten Arbeiten, die auf die Beseitigung von Gefährdungen in der Produktion[1] ausgerichtet sind, den indirekten Produktionsbereich "Instandhaltung".

Die für die Thematik dieser Arbeit relevante Literatur läßt sich in fünf Themenbereiche gliedern:

- Darstellung von Gefährdungen bei Instandhaltungsarbeiten (Autorengruppe I),
- Beschreibung von eingesetzten Methoden zur Ermittlung von Gefährdungen (Autorengruppe II),
- Vorstellung der geplanten Instandhaltung als eine Maßnahme zur Erhöhung der Arbeitssicherheit bei Instandhaltungsarbeiten (Autorengruppe III),
- Ermittlung von Maßnahmen zur Erhöhung der Arbeitssicherheit bei Instandhaltungsarbeiten für abgegrenzte Anwendungsfälle (Autorengruppe IV) und
- theoretisch-methodische Überlegungen zur Erhöhung der Arbeitssicherheit bei Instandhaltungsarbeiten (Autorengruppe V).

---

[1] Die Produktion kann in direkte und indirekte Bereiche gegliedert werden: in den direkten Bereichen (z.B. Teilefertigung, Montage) werden solche Tätigkeiten ausgeführt, die unmittelbar der betrieblichen Leistungserstellung dienen; in den indirekten Bereichen werden Tätigkeiten ausgeführt, die nicht unmittelbar der betrieblichen Leistungserstellung dienen (z.B. Entwicklung, Konstruktion, Instandhaltung, innerbetrieblicher Transport), jedoch zur Erfüllung der Tätigkeiten in den direkten Bereichen notwendig sind (nach THOMAS/HEMMERS 1981, S. 433).

<u>Autorengruppe I</u>

Zu den Autoren, die den Themenbereich "Darstellung von Gefährdungen bei Instandhaltungsarbeiten" behandeln, zählen u.a.
WARNECKE (1977, S. 91ff) und WARNECKE/UETZ (1979, S. 527ff).
Sie zeigen Ursachen von Gefährdungen bei Instandhaltungsarbeiten auf und stellen ein Konzept zur Gliederung der Maßnahmen
zur Erhöhung der Arbeitssicherheit bei Instandhaltungsarbeiten
vor. HAGENKÖTTER (1977, S. 33ff), NICK (1971, S. 12) und SIMON
(1979, S. 82f) gehen auf das Unfallgeschehen[1] in der Bundesrepublik Deutschland und in der Deutschen Demokratischen Republik
ein, wobei sie insbesondere die Unfälle diskutieren, die sich
im Zusammenhang mit Instandhaltungsarbeiten ereignen. Die Autoren schlüsseln die Instandhaltungsunfälle nach verschiedenen
Merkmalen auf (z.B. Unfallvorgang, Industriezweig), um so einen
Überblick über das Unfallgeschehen in der Instandhaltung zu geben. In ähnlicher Form beschreiben SCHNADT u.a. (1973, S. 41ff)
die Instandhaltungsunfälle in der chemischen Industrie. HAGEN-
KÖTTER (1977, S. 35ff) stellt die Entwicklungstendenzen des
Unfallgeschehens in der Instandhaltung vor. Allen genannten
Arbeiten ist gemeinsam, daß sie nur auf den Problembereich
"mangelnde Arbeitssicherheit in der Instandhaltung" hinweisen
und keine konkreten Angaben zu Maßnahmen zur Beseitigung von
Gefährdungen machen.

<u>Autorengruppe II</u>

Eine weitere Autorengruppe beschreibt die zur Zeit eingesetzten
Methoden zur Ermittlung von Gefährdungen. Auf einzelne, spezielle Methoden wird u.a. in den Veröffentlichungen der IG-METALL
(o.J., S. 3ff), von MARKS u.a. (1963, S. 479ff), im Rahmen der
DIN 25448 (1980, S. 1ff), DIN 25424 (1981, S. 1ff), DIN 25419
(1985, S. 1ff) sowie in den Arbeiten von HAMMER u.a. (1986a,
S. 7ff) und WEISS (1987, S. 1ff) zum Teil sehr ausführlich

---

1) Unfälle können als Indikatoren für Gefährdungen angesehen
   werden.

eingegangen. FREI (1975, S. 29ff), SCHNEIDER (1977, S. 21/2ff), HOYOS (1979, S. 49ff), KUHLMANN (1981, S. 62ff), MEYNA (1982, S. 88ff), KÜHNE (1984, S. 140ff), HILDEBRANDT (1985, S. 12), PETERS/MEYNA (1985, S. 665ff), SKIBA (1985, S. 43ff) und NOHL/ THIEMECKE (1987, S. 13ff) beschränken sich bei den Gegenüberstellungen eingesetzter Methoden entsprechend der gewählten Zielsetzung auf bestimmte Teilaspekte. Die zur Zeit eingesetzten Methoden zur Ermittlung von Gefährdungen[1] lassen sich, wie in Abbildung 3-1 dargestellt, systematisieren[2]. Im Rahmen der durchgeführten Systematisierung mußte, da für einzelne Methoden bis zu zehn verschiedene Benennungen (vgl. HARTUNG 1987b, S. 116f) gebräuchlich sind, zusätzlich eine durchgängige Begriffssystematik aufgebaut werden. Auf die in der Abbildung genannten Methoden und ihre Begriffe wird in Kapitel 6 ausführlicher eingegangen.

Autorengruppe III

Die Erhöhung der Arbeitssicherheit bei Instandhaltungsarbeiten durch geplante Instandhaltung steht im Mittelpunkt der Arbeiten der WIRTSCHAFTSVEREINIGUNG EISEN- UND STAHLINDUSTRIE (1970, S. 10ff) sowie von RAUSCHHOFER (1981, S. 737ff), DECLAIR (1982, S. 25f), NAUHOLZ (1982, S. 21ff) und FRÖHNER (1983, S. 20ff). Sie beschreiben die Vor- und Nachteile der geplanten Instandhaltung sowie deren Bedeutung für die Arbeitssicherheit. Unter geplanter Instandhaltung wird eine Organisationsform der Instandhaltung verstanden, bei der - soweit möglich - die auszuführenden Instandhaltungsaufgaben u.a. für eine wirtschaftliche Abwicklung geplant und gesteuert werden (vgl. JÜTTING 1985, S. 11). Die Einführung der geplanten Instandhaltung stellt eine

---

1) Methoden zur Ermittlung von Gefährdungen werden als Gefährdungsanalysen bezeichnet (siehe Kapitel 4.1).

2) Die Methoden zur Ermittlung von Gefährdungen werden häufig als "Gefährdungsanalysen" bezeichnet (z.B. SCHNEIDER 1977, S. 21/1). Der Begriff "Gefährdungsanalysen" wird in dieser Arbeit entsprechend verwendet (siehe Kapitel 4.2). Die Beschreibung der wichtigsten Methoden erfolgt in Kapitel 5.

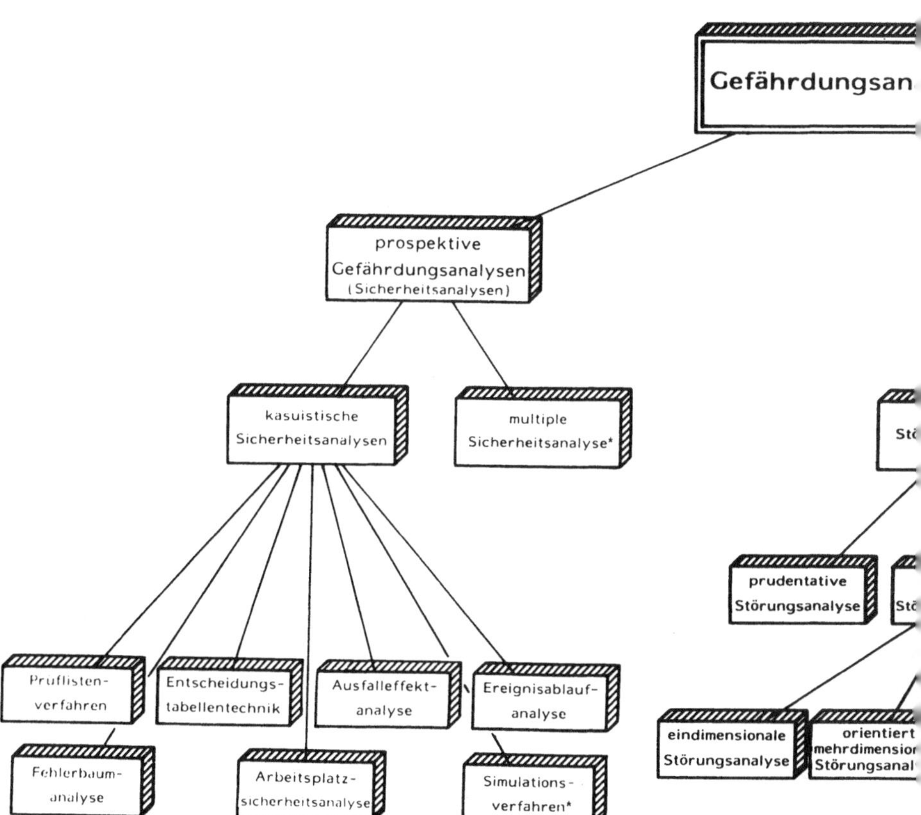

Abb. 3-1: Gefährdungsanalysen

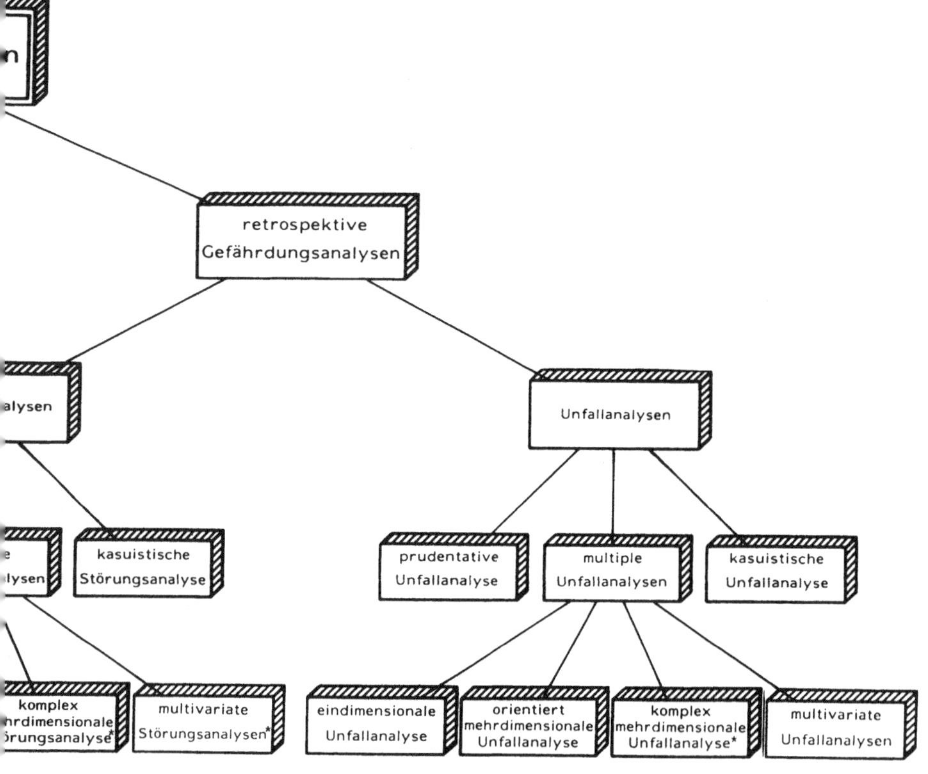

* = Gefährdungsanalysen, die nur als Methodenansatz existieren; ihre Einsetzbarkeit ist in der Praxis noch nicht systematisch nachgewiesen.

wichtige Maßnahme zur Erhöhung der Arbeitssicherheit bei Instandhaltungsarbeiten dar.

Autorengruppe IV

Maßnahmen zur Erhöhung der Arbeitssicherheit bei Instandhaltungsarbeiten für abgegrenzte Anwendungsfälle stellen GÜRTLER (1980, S. 1ff) und BORGES/HARTUNG (1985, S. 43ff) zusammen. Aufbauend auf "Arbeitsplatzsicherheitsanalysen"[1] erarbeitet GÜRTLER (1980, S. 1ff) für drei Instandhaltungsarbeitsplätze (Wechsel von LKW-Getrieben, Wechsel von Transportrollen und Messern im Rahmen der Feinblechherstellung) Vorschläge zur Vermeidung von Instandhaltungsunfällen. Eine allgemeingültige Methode zur Ermittlung von Gefährdungsschwerpunkten bei Instandhaltungsarbeiten kann aus dieser Arbeit nicht abgeleitet werden. BORGES/HARTUNG (1985, S. 43ff) beurteilen beispielhaft für den Bereich der Eisen- und Stahlindustrie die Auswirkungen technologischer Veränderungen auf die Arbeitssicherheit bei Instandhaltungsarbeiten und leiten darauf aufbauend Gestaltungsvorschläge zur Vermeidung von Unfällen ab. Die Arbeit basiert auf der Analyse von 238 Unfällen. Es wird eine "orientiert mehrdimensionale Unfallanalyse"[2] eingesetzt, da diese Methode bereits in anderen Untersuchungen (vgl. SCHNEIDER 1984, S. 26ff) erfolgreich zur Beurteilung des Unfallgeschehens der direkten Produktionsbereiche in der Eisen- und Stahlindustrie verwendet worden war. BORGES/HARTUNG (1987, S. 28f) kommen im Rahmen ihrer Arbeit jedoch zu dem Schluß, daß die eingesetzte Methode einige Mängel aufweist (siehe Kapitel 6.2.3.2). Das Ergebnis der Arbeit bildet ein Katalog mit

- organisatorischen Maßnahmen,
- konstruktiven Maßnahmen und
- Schulungsmaßnahmen.

---

1) Eine ausführliche Beschreibung dieser Methode erfolgt in Kapitel 5.

2) Eine ausführliche Beschreibung dieser Methode erfolgt in Kapitel 5.

Die im Rahmen von abgegrenzten Anwendungsfällen eingesetzten
Methoden zur Ermittlung von Maßnahmen der Arbeitssicherheit
bei Instandhaltungsarbeiten lassen sich u.a. aufgrund der sehr
speziellen Ausrichtungen der Anwendungsfälle nicht verallge-
meinern.

Autorengruppe V

Theoretisch-methodische Überlegungen zur Erhöhung der Arbeitssicherheit bei Instandhaltungsarbeiten enthalten die Veröffentlichungen von MÄNNEL u.a. (1985, S. 77ff), BECKER (1986,
S. 79ff) und WERNER u.a. (1979, S. 47ff). Im Vordergrund der
beiden zuerst genannten Arbeiten stehen die "betriebswirt-
schaftliche Bedeutung und Gestaltung der Arbeitssicherheit"
(vgl. MÄNNEL, Vorwort zu BECKER 1986) in der Instandhaltung.
Ausgehend vom grundsätzlich bestehenden Regelungs- und Steue-
rungsbedarf werden Grundlagen zur Identifikation von Gefährdungen in der Instandhaltung geschaffen. Einige Gefährdungen
werden exemplarisch beschrieben. Zusammenfassend läßt sich
festhalten, daß in beiden Arbeiten betriebswirtschaftlich-
theoretische Grundlagen auf dem Gebiet "Arbeitssicherheit in
der Instandhaltung" erarbeitet werden, ohne daß die Entwicklung
einer Methode zur Ermittlung von Gefährdungen vorgenommen
wird. Eine entsprechende Methode versuchen WERNER u.a. (1979,
S. 47ff) zu entwickeln. Ziel ihrer Arbeit ist es, zu untersuchen, mit welcher methodischen Vorgehensweise Gefährdungen bei
Instandhaltungsarbeiten ermittelt werden können. Die Autoren
gelangen in ihrer Arbeit jedoch zu der Erkenntnis, daß der von
ihnen gewählte Weg nur "wenig geeignet" (WERNER u.a. 1979,
S. 80) ist, die angestrebte Methode zu entwickeln. Die Methode
konnte nicht abgeleitet werden, da die ermittelten Daten sub-
jektiv beeinflußt waren und die Datenerhebung mit keiner "ver-
gleichbaren Systematik" (WERNER u.a. 1979, S. 80) durchgeführt
wurde. Darüber hinaus war keine Methode ermittelbar, die aus
einem anderen Bereich der Sicherheitswissenschaft auf die
Instandhaltung übertragen werden konnte. WERNER u.a. (1979,
S. 86) kommen zum Schluß, daß für die Entwicklung einer Methode

zur Ermittlung von Gefährdungen bei Instandhaltungsarbeiten
<u>systematische</u> Untersuchungen ggf. in ausgewählten Industrie-
zweigen notwendig sind.

Es bleibt festzuhalten, daß sich eine Reihe von Arbeiten mit
der Problematik der Arbeitssicherheit in der Instandhaltung
befassen, die Notwendigkeit einer entsprechenden Methode zur
Ermittlung von Gefährdungen erkannt, deren Entwicklung aber
bisher nicht vorgenommen wurde.

4 Grundlagen für die Entwicklung einer Methode zur Ermittlung von Gefährdungen bei Instandhaltungsarbeiten

Nach einer Abgrenzung des Geltungsbereiches der zu entwickelnden Methode werden in diesem Kapitel grundsätzliche Überlegungen zur systematischen Vorgehensweise bei der Methodenentwicklung angestellt.

4.1 Abgrenzung des Geltungsbereiches einer Methode zur Gefährdungsermittlung

Wie die hohen Unfallzahlen bei Instandhaltungsarbeiten zeigen (vgl. Kapitel 1), reichen die eingesetzten Methoden des "sicherheitsgerechten Konstruierens" (vgl. PAHL 1975, S. 457ff) nicht aus, um einen gefahrenfreien Zustand im Rahmen der Instandhaltung zu garantieren.

Deshalb muß es ein wichtiges Ziel der Arbeit in den Arbeitssicherheitsabteilungen der Unternehmen sein, in einer ersten Stufe mit weiterführenden Methoden die große Masse der Instandhaltungsunfälle zu reduzieren. In diesem ersten Schritt können aus ökonomischen Gründen (begrenzte Ressourcen finanzieller und personeller Art in den Arbeitssicherheitsabteilungen) nicht die Unfälle verringert werden, die selten auftreten und ggf. Spezialfälle[1] darstellen. Die letztgenannten Unfälle müssen in einer zweiten Stufe reduziert werden. Bei der Verringerung der großen Masse der Instandhaltungsunfälle werden voraussichtlich andere Methoden eingesetzt als bei der Vermeidung von Spezialfällen. Mit Hilfe der in dieser Arbeit zu entwickelnden Methode sollen die Gefährdungen ermittelt werden, die es in der ersten Stufe zu reduzieren gilt. Die Methode wird für den Einsatz in mittleren und großen Industrieunternehmen ausgelegt.

---

[1] D.h. Unfälle mit sehr speziellen Unfallbedingungen.

Für eine eindeutige Abgrenzung der "Ermittlung von Gefährdungen" gegenüber den anderen Arbeitsschritten, die zur Erhöhung der Arbeitssicherheit notwendig sind, werden sämtliche Arbeitsschritte im weiteren kurz erläutert.

In Anlehnung an SCHNEIDER (1977, S. 21/1), SKIBA (1985, S. 41) und BORGES/HARTUNG (1985, S. 8) sollen die folgenden sechs Arbeitsschritte unterschieden werden:

1. Ermittlung der Gefährdungen,
2. Bedingungsanalyse der Gefährdungen,
3. Festlegung von Schutzzielen,
4. Festlegung und Planung von Sicherheitsmaßnahmen,
5. Durchführung von Sicherheitsmaßnahmen und
6. Erfolgskontrolle.

Das Zusammenwirken der einzelnen Arbeitsschritte kann mit Hilfe eines kybernetischen Modells veranschaulicht werden (siehe Abbildung 4-1). Die Schritte 1 bis 5 stellen in Verbindung mit der Regelstrecke "Produktionsprozeß" einen Regelkreis mit Meßglied, Regler und Stellglied dar. Diesem Regelkreis ist eine adaptive Regelung, die Erfolgskontrolle, überlagert.

In einem ersten Arbeitsschritt müssen für die Durchführung von Maßnahmen zur Erhöhung der Arbeitssicherheit die Gefährdungen ermittelt werden, die bei der Berufsausübung im Produktionsprozeß immanent sind. Die qualitativ und/oder quantitativ aufgenommenen Daten sind in diesem Arbeitsschritt in der Weise aufzubereiten[1], daß im zweiten Arbeitsschritt die Bedingungsanalyse der Gefährdungen durchgeführt werden kann. Im Rahmen dieser Analyse werden die möglichen Gefährdungsbedingungen

---

1) Da bei der "Ermittlung der Gefährdungen" Daten nicht nur erhoben werden, sondern auch entsprechend der Zielsetzung der Arbeitssicherheitsanalyse aufzubereiten sind, werden die Methoden zur Durchführung dieses Arbeitsschrittes auch "Analysen 1. Ordnung" oder häufiger "Gefährdungsanalysen" genannt (z.B. SCHNEIDER 1977, S. 21/1). Der Begiff "Gefährdungsanalyse" wird in dieser Arbeit entsprechend verwendet.

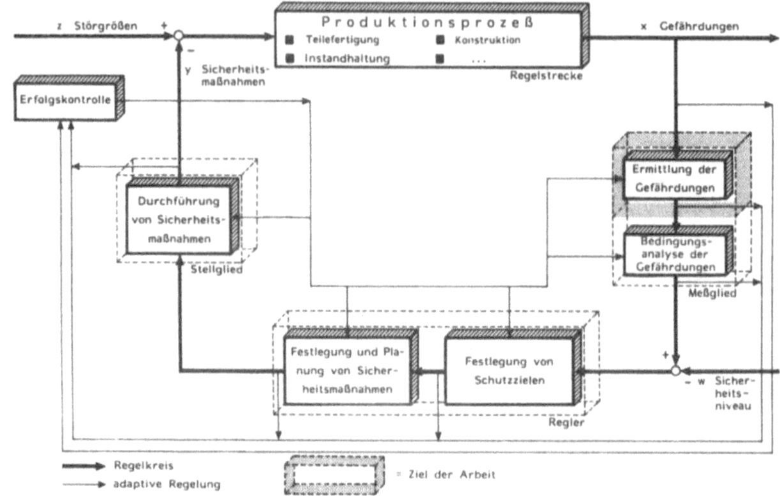

Abb. 4-1:   Kybernetisches Modell zur Arbeitssicherheit (Ablauf
            der Arbeitssicherheitsanalyse)

untersucht und bewertet. Aus den Ergebnissen dieser Untersuchung und dem im Unternehmen geforderten Sicherheitsniveau
(vgl. Abbildung 4-1) lassen sich im dritten Schritt die anzu-
strebenden Schutzziele[1] bestimmen. Daraus wiederum sind mögliche Maßnahmen zum Erreichen der Schutzziele abzuleiten und
bezüglich ihrer Wirksamkeit und wirtschaftlichen Realisierbar-
keit zu beurteilen. Die zu realisierenden Sicherheitsmaßnahmen
sind im vierten Schritt festzulegen und detailliert zu planen.
Im fünften Arbeitsschritt werden die geplanten Sicherheitsmaßnahmen durchgeführt. Die Sicherheitsmaßnahmen beeinflussen
gemeinsam mit den im Unternehmen vorhandenen Störgrößen den
Produktionsprozeß (vgl. Abbildung 4-1). Durch Erfolgskontrollen
ist zu prüfen, ob die Gefährdungen erkannt und korrekt analysiert wurden, ob die Schutzziele und Sicherheitsmaßnahmen in
geeigneter Weise festgelegt und geplant sowie die Sicherheitsmaßnahmen ordnungsgemäß durchgeführt wurden. Die Erfolgskon-

---

1) Unter Schutzzielen werden die Ziele verstanden, die zur
   Erhöhung der Arbeitssicherheit zu erreichen sind.

trolle stellt eine adaptive Regelung des Regelkreises im kybernetischen Modell dar. Das Ergebnisse der Erfolgskontrolle kann die Änderung eines der Arbeitsschritte zur Erhöhung der Arbeitssicherheit erfordern.

Im Rahmen dieser Arbeit soll für die Instandhaltung eine Methode für den ersten Arbeitsschritt, d.h. eine Methode zur Ermittlung von Gefährdungen entwickelt werden. Die anderen Arbeitsschritte werden nur betrachtet, soweit sie einen Einfluß auf die zu entwickelnde Methode besitzen.

4.2 Vorgehensweise zur Entwicklung einer Methode zur Gefährdungsermittlung

Für die Ableitung einer Methode zur Ermittlung von Gefährdungen wird im Rahmen der Arbeit die in Abbildung 4-2 aufgeführte Vorgehensweise gewählt. Sie besteht aus den fünf Ablaufabschnitten

I.   Bestimmung der Anforderungskriterien an eine Methode,

II.   Ableitung eines Methodenansatzes,

III.   Entwicklung einer Methode,

IV.   Exemplarischer Einsatz der entwickelten Methode und

V.   Bewertung der entwickelten Methode.

Im Rahmen des Ablaufabschnittes I (Kapitel 5 dieser Arbeit), werden die Anforderungskriterien bestimmt, die eine Methode erfüllen muß, damit sie im Bereich Instandhaltung praktikabel sowie effizient einsetzbar ist und aussagefähige und reproduzierbare Ergebnisse liefert. Diese Kriterien müssen für die Ableitung eines Modellansatzes operationalisiert werden (vgl. KUBICEK 1975, S. 94ff); d.h. für jedes Anforderungskriterium sind die Ausprägungen zu bestimmen und zu bewerten, die dieses annehmen kann.

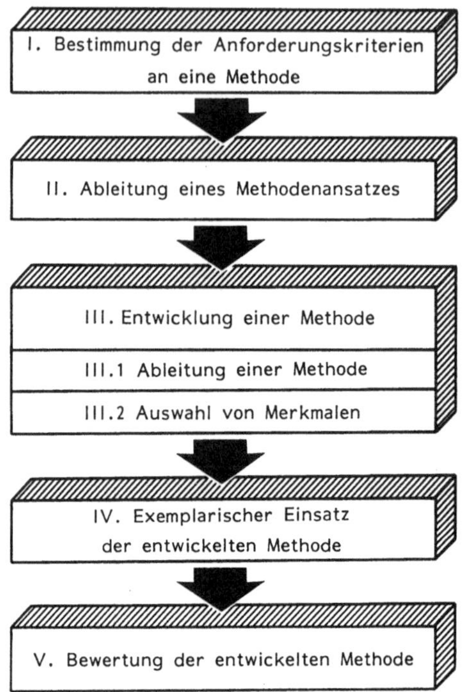

Abb. 4-2:   Vorgehensweise zur Entwicklung der Methode

Das Ziel des Ablaufabschnittes II, der Ableitung eines Methodenansatzes (Kapitel 6), besteht darin, einen Ansatz zu ermitteln, der sämtlichen Anforderungskriterien genügt, die an eine
derartige Methode zu stellen sind. Hierzu werden die existierenden Methodenansätze diskutiert, unabhängig davon, ob die
entsprechenden Methoden zur Zeit in Unternehmen zum Einsatz
kommen oder ob sie nur als Modelle existieren, d.h. noch nicht
in der Praxis nachgewiesen wurden.

Im Ablaufabschnitt III, der Entwicklung einer Methode (Kapitel 7), ist aus den vorgestellten Ansätzen eine Methode zur Ermittlung von Gefährdungen speziell für die Instandhaltung abzuleiten. In Abhängigkeit von diesem Ergebnis werden anschließend

Merkmale ausgewählt, die zur Ermittlung von Gefährdungen bei Instandhaltungsarbeiten einzusetzen sind.

Der Ablaufabschnitt IV beinhaltet den exemplarischen Einsatz der entwickelten Methode (Kapitel 8). Hierbei werden die Praktikabilität der Methode und das Zusammenwirken der entwickelten Methode mit den anderen Arbeitsschritten der Arbeitssicherheitsanalyse nachgewiesen. Darüber hinaus werden Lösungsansätze zur Vermeidung von Gefährdungen für einen besonders gefährdeten Bereich erarbeitet.

Den Abschluß bildet die Bewertung der entwickelten Methode in Ablaufabschnitt V (Kapitel 9). Sowohl die Chancen als auch die Grenzen werden kritisch diskutiert.

5 Bestimmung von Anforderungskriterien an eine Methode

Voraussetzung für die Entwicklung einer Methode ist es, die Anforderungskriterien zu bestimmen, die diese erfüllen muß (z.B. MEYER 1973, S. 38f; FRIELING 1974, S. 80ff; SCHOMBURG 1980, S. 24ff; SCHNABEL 1975, S. 103ff; PITRA 1982, S. 48ff; BRIEF 1984, S. 34ff). Außer dem Anforderungskriterium

- Eignung für die Instandhaltung

sollen die Anforderungskriterien

- Aussagefähigkeit,
- Reproduzierbarkeit,
- Praktikabilität und
- Effizienz

von der in dieser Arbeit zu entwickelnden Methode erfüllt werden.

5.1 Eignung für die Instandhaltung

Da die Methode zur Ermittlung von Gefährdungen speziell für den Bereich der Instandhaltung entwickelt werden soll, ist das Kriterium "Eignung für die Instandhaltung" das erste und wichtigste Anforderungskriterium.

Für diese Arbeit erscheint die Differenzierung des Kriteriums "Eignung für die Instandhaltung" nach den vier "praxisrelevanten organisatorischen Elementen" (KRÜGER 1984, S. 18) Aufgabe, Objekt, Personal und Informationen zur Durchführung der Instandhaltungsaufgabe (nach KRÜGER 1984, S. 18) zweckmäßig, da deren Zusammenwirken sowohl die Instandhaltung als auch den Bereich Arbeitssicherheit charakterisiert (nach BECKER 1986, S. 83). Unter Verwendung dieser vier "praxisrelevanten organisatorischen Elemente" erfolgt im weiteren die Ableitung von

Unterkriterien zum Anforderungskriterium "Eignung für die Instandhaltung":

5.1.1 <u>Aufgabe</u>

Die Instandhaltungsaufgabe kann als erstes durch ihre Vielfalt charakterisiert werden. Die einzelnen Instandhalter müssen Arbeiten an elektrischen und elektronischen Anlagen, Arbeiten an der Hydraulik und Pneumatik usw. durchführen. Diese Arbeiten sind in verschiedenartigster Form bei der Wartung, Inspektion und Instandsetzung erforderlich. Die Durchführung der Instandhaltungsaufgabe erfolgt mit den unterschiedlichsten Verfahren, wie z.B. Montieren/Demontieren, Feilen, Umformen, Schleifen, Schweißen, Drehen, Fräsen.

Die Instandhaltungsaufgabe ist zusätzlich durch ihre Vielschichtigkeit gekennzeichnet. Die meisten Aufgaben im Rahmen der Instandhaltung bestehen aus diversen Teilaufgaben, die in der Regel zeitlich voneinander abhängig sind; die Darstellung der Zusammenhänge ist teilweise nur mit der Netzplantechnik möglich. Außer der Durchführung der Instandhaltungsaufgabe sind insbesondere in mittelgroßen Unternehmen durch das Instandhaltungspersonal auch planende und steuernde Tätigkeiten auszuführen; hierzu zählen u.a. Personalplanung, Betriebsmittelplanung, Materialplanung, Termin- und Kapazitätsplanung, Auftragsüberwachung sowie die Schwachstellenanalyse (nach HARTUNG 1985, S. 16; vgl. HACKSTEIN/KLEIN 1987, S. 242).

Die relativ zu anderen Produktionsbereichen größere Komplexität (Vielfältigkeit und Vielschichtigkeit) der Instandhaltungsaufgaben, die durch die einzelnen Instandhalter zu bewältigen ist, führt dazu, daß eine "sichere Arbeitsweise" vom Instandhaltungspersonal in der Regel schwerer einzuüben ist, als vom Personal anderer Produktionsbereiche (wie z.B. vom Personal in einer Dreherei). Die Gefährdung der Instandhalter ist hierdurch größer.

5.1.2 Objekt

Die Instandhaltungsobjekte lassen sich durch ihre Vielfältigkeit kennzeichnen. Bereits in einem mittelgroßen Unternehmen
müssen mehrere hundert Objekte instandgehalten werden, wobei
die Objekte bezüglich der Instandhaltung nur selten identisch
sind.

Ein weiteres Charakteristikum des Instandhaltungsobjektes ist
dessen Vielschichtigkeit. Jedes Instandhaltungsobjekt kann in
eine große Anzahl von Anlagengruppen, Anlagen, Anlagenteile,
Bauteile usw. unterteilt werden.

Auch die relativ zu anderen Produktionsbereichen größere Komplexität (Vielfältigkeit und Vielschichtigkeit) der Instandhaltungsobjekte führt dazu, daß die Instandhalter schwieriger eine
"sichere Arbeitsweise" einüben können als andere Produktions-
arbeiter. Die Komplexität der Objekte stellt an den Instandhalter ständig wechselnde Anforderungen. Die Gefährdung der
Instandhalter ist hierdurch größer als in anderen Produktionsbereichen.

5.1.3 Personal

Das Instandhaltungspersonal hat bei der Ausführung von Instandhaltungsarbeiten einen großen Einfluß auf die Sicherheit; dieser ist im Rahmen von anderen Produktionsaufgaben geringer.
Der beschriebene Umstand hat seine Ursachen im niedrigen Auto-
matisierungsgrad der Instandhaltungsarbeiten bzw. ist im hohen
Anteil von manuellen Tätigkeiten bei Instandhaltungsarbeiten
begründet (vgl. SIMON 1979, S. 82). Der große Einfluß des
Instandhaltungspersonals wirkt sich jedoch nicht positiv auf
die Arbeitssicherheit aus; insbesondere vor dem Hintergrund,
daß die Instandhalter, die in der Regel zu wenig sicherheits-
technisch geschult sind, unter sehr hohem Zeitdruck arbeiten
(vgl. Kapitel 1). Im allgemeinen existieren bei manuellen

Tätigkeiten mehr Gefährdungen als bei Arbeiten mit mechanisierten Hilfsmitteln (nach SIMON 1979, S. 82; vgl. SKIBA 1980, S. 25).

5.1.4 Information zur Durchführung der Aufgabe

Die Information zur Durchführung der Instandhaltungsaufgabe läßt sich insbesondere durch ihre Qualität und Quantität charakterisieren. In der Regel liegen bei der Instandhaltung nur wenige und unzureichende Informationen über die organisatorische und technische Abwicklung der Instandhaltungsaufgabe vor (vgl. KLEIN 1987, S. 1f). Dies bedeutet, daß das Instandhaltungspersonal aufgrund fehlender Informationen eine große individuelle Freiheit bei der Abwicklung der Instandhaltungsaufgabe besitzt. Diese Freiheit ist geringer, wenn bei einer geplanten Instandhaltungsaufgabe sehr detaillierte Informationen, z.B. in Form eines Arbeitsplans vorliegen. Der große Einfluß des Instandhaltungspersonals auf die Arbeitssicherheit wird jedoch nicht positiv genutzt. Bei ungeplanten Instandhaltungsaufgaben, d.h. beim Fehlen von wichtigen Informationen, "ist das Instandhaltungspersonal besonderen Gefährdungen ausgesetzt" (DECLAIR 1982, S. 25).

5.1.5 Ableitung von Unterkriterien zur Beurteilung einer Methode für die Instandhaltung

Aus der Diskussion der vier "praxisrelevanten organisatorischen Elementen" ergeben sich folgende drei Unterkriterien zum Anforderungskriterium "Eignung für die Instandhaltung":

- Komplexität der Instandhaltungsaufgabe,

- Komplexität der Instandhaltungsobjekte und

- tätigkeitsbezogene Anforderung an das Instandhaltungspersonal[1].

5.1.5.1 Komplexität der Instandhaltungsaufgabe

Die Komplexität der Instandhaltungsaufgabe wird bei der Anwendung einer Methode berücksichtigt, wenn die beschriebene Vielfältigkeit und die Vielschichtigkeit der Instandhaltungsaufgabe Beachtung findet.

5.1.5.2 Komplexität der Instandhaltungsobjekte

Das Unterkriterium "Komplexität der Instandhaltungsobjekte" soll dann erfüllt sein, wenn bei der Anwendung der Methode die Vielfältigkeit und die Vielschichtigkeit der Instandhaltungsobjekte gewürdigt werden.

5.1.5.3 Tätigkeitsbezogene Anforderungen an das Instandhaltungspersonal

Werden im Rahmen der Methodenanwendung auch verhaltensspezifische Einflüsse berücksichtigt, so soll das Unterkriterium "tätigkeitsbezogene Anforderung an das Instandhaltungspersonal" positiv bewertet sein.

---

1) Die Wirkungen, die mit den praxisrelevanten organisatorischen Elementen "Personal" und "Informationen zur Durchführung der Aufgabe" beschrieben werden können, wurden zu dem letztgenannten Unterkriterium zusammengefaßt, da in beiden Fällen die große Einflußmöglichkeit des Instandhaltungspersonals auf die "sichere Arbeitsweise" im Mittelpunkt der Betrachtungen stehen.

5.2 Aussagefähigkeit

Ein weiteres Anforderungskriterium für den Einsatz der Methode ist die Aussagefähigkeit der Ergebnisse. Nur detaillierte und exakte Aussagen gestatten eine sinnvolle Fortsetzung der Arbeitssicherheitsanalyse (vgl. Abbildung 4-1). Die Aussagefähigkeit der Ergebnisse soll gegeben sein, wenn die Gefährdungen im Sinne der unten genannten Festlegung vollständig erkennbar sind und die Arbeitsschritte der weiteren Arbeitssicherheitsanalyse vorbereitet werden. Hieraus ergeben sich die Unterkriterien des Anforderungskriteriums Aussagefähigkeit:

- Vollständigkeit und
- Vorbereitung der weiteren Arbeitssicherheitsanalyse.

5.2.1 Vollständigkeit

Vollständigkeit soll in dieser Arbeit vorausgesetzt werden, wenn mindestens die Gefährdungen ermittelt werden können, die sich "wahrscheinlich" oder "ziemlich wahrscheinlich" in Unfällen konkretisieren, da diese Gefährdungen für die Arbeit der Sicherheitsfachkräfte von Bedeutung sind. PETERS/MEYNA (1985, S. 627) geben für die genannte Wahrscheinlichkeiten einen Wert von mindestens einem Ereignis in 10^5 Stunden an. Zur Erreichung der Vollständigkeit sollen keine Gefährdungen ermittelt werden müssen, deren Eintrittswahrscheinlichkeit "unwahrscheinlich" oder "sehr unwahrscheinlich" sind.

5.2.2 Vorbereitung der weiteren Arbeitssicherheitsanalyse

Die Ergebnisse der Gefährdungsanalyse sollen in erster Linie auf die Bedingungsanalyse der Gefährdungen vorbereiten (siehe Kapitel 4.1). Hierdurch kann eine sinnvolle Fortsetzung der Arbeitssicherheitsanalyse gewährleistet werden. Die Vorbereitung der Bedingungsanalyse soll erreicht sein, wenn die Gefährdungsanalyse Zusammenhänge zwischen Gefährdungsschwerpunkten erkennen läßt; aufgrund dieser Zusammenhänge lassen sich die Ursachen der Gefährdungen leicht ableiten (vgl. Anforderung 6 in SKIBA 1971, S. 60).

5.3 Reproduzierbarkeit

Die Reproduzierbarkeit der Ergebnisse eines Methodeneinsatzes stellt ein weiteres Anforderungskriterium dar. Begründen läßt sich diese Anforderung mit den z.T. erheblichen Konsequenzen (finanzieller und humaner Art), die sich aus den Ergebnissen eines Methodeneinsatzes ergeben (vgl. FRIELING 1974, S. 84).

Die Reproduzierbarkeit von Ergebnissen hängt wesentlich von einer Quantifizierung der für den Anwendungsfall zu erfassenden Daten ab (vgl. SCHOMBURG 1980, S. 25). Diesem Aspekt wird bei der Bestimmung der Erfüllungsgrade des Anforderungskriteriums Rechnung getragen.

Die Reproduzierbarkeit soll als erfüllt angenommen werden, wenn beim Methodeneinsatz ein Rückgriff auf real vorliegende Daten erfolgt (z.B. Daten von Unfallmeldebögen an die Berufsgenossenschaft oder von betriebsinternen Unfallmeldebögen[1]).

Werden bei der Anwendung der Methode Einzelfakten geschätzt (von HACKSTEIN (1977b, S. 539) "unterteiltes Schätzen" genannt) - wie z.B. die Ausfallwahrscheinlichkeit einzelner Bauteile - und werden diese nach der Schätzung in weiteren Arbeitsschritten zu einem Endergebnis verarbeitet (z.B. Ausfallwahrscheinlichkeit der (gesamten) Anlage), so sollen die Ergebnisse im Rahmen dieser Arbeit als "eingeschränkt reproduzierbar" gelten.

---

[1] Der Rückgriff auf Daten von Unfallmeldebögen soll als problemlos angesehen werden, da in der überwiegenden Zahl der Fälle, die Angaben der Verunglückten, Unfallbeteiligten und Zeugen über den Unfallhergang mit dem tatsächlichen Hergang übereinstimmen.

Diese Festlegung erscheint vor dem Hintergrund gerechtfertigt, daß beim Vergleich von zwei Schätzungen durch zwei Personen Unterschiede zu verzeichnen sind, auch wenn die gleichen Randbedingungen geherrscht haben. Die Beurteilung hängt u.a. von der Erfahrung und Übung des Beurteilers ab (nach REFA 1978, S. 17).

Basiert die Ermittlung der Gefährdungen auf einer Schätzung von Endergebnissen (von HACKSTEIN (1977b, S. 539) "Gesamtschätzen" genannt) , was i.d.R. zu stark streuenden Resultaten führt (nach HACKSTEIN 1977b, S. 539) - z.B. wenn eine Fachkraft rein intuitiv Gefährdungsschwerpunkte festlegt - so soll das Verfahren für diese Arbeit nicht mehr als genügend reproduzierbar gelten (vgl. ZIMOLONG u.a. 1978, S. 38ff; THIELE 1968, zitiert bei SKIBA 1971, S. 33).

5.4 Praktikabilität

Das Anforderungskriterium "Praktikabilität" muß erfüllt sein, damit beim Anwender eine hohe Akzeptanz der Methode erreicht werden kann. Eine hohe Akzeptanz ist die Voraussetzung für eine rasche Umsetzung der Methode und damit eine rasche Verringerung der großen Zahl von Unfällen bei Instandhaltungsarbeiten. Das Anforderungskriterium "Praktikabilität" soll positiv bewertet werden, wenn den Unterkriterien

- Nachvollziehbarkeit
- Transparenz und
- Hilfsmitteleinsatz

Rechnung getragen wird.

5.4.1 Nachvollziehbarkeit

Die Methode zur Ermittlung von Gefährdungen muß für die potentiellen Anwender, die Fachkräfte für Arbeitssicherheit, nach-

vollziehbar sein. Umfangreiche mathematische Kenntnisse stellen
hierbei wesentliche Hindernisse dar. Die Nachvollziehbarkeit
soll als gegeben gelten, wenn zum Verständnis der Methode keine
umfangreichen mathematischen Vorkenntnisse (z.B. Differential-
oder Regressionsrechnung) notwendig sind.

5.4.2 Transparenz

Nicht nur die Struktur der Methode soll leicht nachvollziehbar
sein, sondern auch ihr Einsatz muß in jeder Phase der Anwendung transparent bleiben. Eine Methode ist z.B. nachvollziehbar, wenn sie nur einfachste mathematische Vorkenntnisse vor-
aussetzt; die Transparenz muß bei der Anwendung der Methode
jedoch nicht zwingend gegeben sein. Die Transparenz bei der
Anwendung der Methode fehlt z.B., wenn folgende Umstände zusammentreffen:

- Vorliegen einer großen Anzahl von zu untersuchenden Ge-
  fährdungen,
- Existieren der meisten Gefährdungen bei unterschiedlichen
  Randbedingungen,
- Durchführen einer großen Anzahl von Arbeitsschritten bei
  der Untersuchung jeder Gefährdung und
- Anwenden der einzelnen Arbeitsschritte nur mit umfang-
  reichen Tätigkeiten möglich.

Die Übersichtlichkeit bei der Anwendung der Methode zur Ermittlung von Gefährdungen bei Instandhaltungsarbeiten soll als Be-
urteilungsmaßstab für das besprochene Unterkriterium dienen.

5.4.3 Hilfsmitteleinsatz

Die meisten Arbeitssicherheitsabteilungen von mittelgroßen
Unternehmen verfügen nur über wenige technische Hilfsmittel;
das Budget zur Beschaffung neuer Hilfsmittel für die Sicher-

heitsabteilung ist in den meisten Unternehmen begrenzt. Diesem
Umstand muß bei der Auswahl der Methode Rechnung getragen
werden. Neben nicht elektronischen Hilfsmitteln sollen Ta-
schenrechner und Personal-Computer mit geringem Speicherplatzvolumen als verfügbar gelten.

5.5 Effizienz

Die zu ermittelnde Methode hat darüber hinaus das Anforderungskriterium "Effizienz" zu erfüllen. Unter Effizienz wird der
vorgegebene Grad der Zielerreichung mit möglichst geringem
Aufwand verstanden (nach STRACK 1986, S. 6; vgl. HILL u.a.
1974, S. 161). Dies bedeutet bezogen auf die zu entwickelnde
Methode, daß unter Berücksichtigung der Aussagefähigkeit der
Ergebnisse die Anwendung der Methode mit vertretbarem Aufwand
zum Ziel zu führen hat. Dieses Anforderungskriterium soll als
erfüllt bezeichnet werden, wenn die Unterkriterien

- Effizienz bei der Erfassung der Daten,
- Effizienz bei der weiteren Verarbeitung der Daten und
- Relevanz

positiv zu bewerten sind.

5.5.1 Effizienz bei der Erfassung der Daten

Die Erfassung der Daten kann als effizient gelten, wenn im
Rahmen der Anwendung der Methode auf Daten zurückgegriffen
wird, die bereits vor der Anwendung bei der Gefährdungsanalyse
für andere Auswertungen erhoben worden sind (z.B. für die
Unfallmeldung an die Berufsgenossenschaft) oder wenn Fachkräfte
für Arbeitssicherheit auf Grundlage ihres Erfahrungsschatzes
Daten schätzen.

5.5.2 Effizienz bei der weiteren Verarbeitung der Daten

Für die Beurteilung von Methoden zur Ermittlung von Gefährdungen ist nicht nur die Effizienz bei der Erfassung von Daten
entscheidend. Es muß auch beachtet werden, wie hoch die Aufwen-
dungen - unter Berücksichtigung des Zieles - für die weiteren
Arbeitsschritte der Arbeitssicherheitsanalyse (Bedingungsanalyse usw.; vgl. Kapitel 4.1) sind, die durch die Gefährdungsanalyse[1] vorherbestimmt werden. Nur wenn im Rahmen der Gefährdungsanalyse die Daten in der Art aufbereitet werden, daß auch
die weitere Verarbeitung der Daten im Rahmen der Sicherheitsanalyse effizient ist, soll die zu entwickelnde Methode als
effizient gelten. Dieses Unterkriterium gilt als erfüllt, wenn
den weiteren Arbeitsschritten die Gefährdungen als Schwerpunkte
(Gefährdungsschwerpunkte) zur Verfügung gestellt werden (vgl.
Wirtschaftlichkeit einer schwerpunktorientierten Vorgehensweise
SCHNEIDER 1965, S. 53; THIELE 1971, S. 3; SKIBA 1974, S. 478).

5.5.3 Relevanz

Aus ökonomischen Gründen dürfen im Rahmen der Gefährdungsanalyse nur Gefährdungen erfaßt und verarbeitet werden, die für
die praktische Arbeit der Sicherheitsfachkräfte von Bedeutung
sind. In die Gefährdungsanalyse sollen keine Gefährdungen einbezogen werden, deren Eintrittswahrscheinlichkeit "unwahrscheinlich" bzw. "sehr unwahrscheinlich" sind (siehe Unterschied zu Merkmal "Vollständigkeit"). PETERS/MEYNA (1985,
S. 627) nennen hierfür eine Wahrscheinlichkeit von weniger als
einem Ereignis in 10^5 Stunden.

Die Anforderungskriterien "Eignung für die Instandhaltung",
"Aussagefähigkeit", "Praktikabilität" und "Effizienz" können

---

1) Die Methoden zur Ermittlung der Gefährdungen werden als
   Gefährdungsanalysen bezeichnet; erst in der Bedingungsana-
   lyse werden die Ursachen der Gefährdungen abgeleitet (vgl.
   Kapitel 4.1).

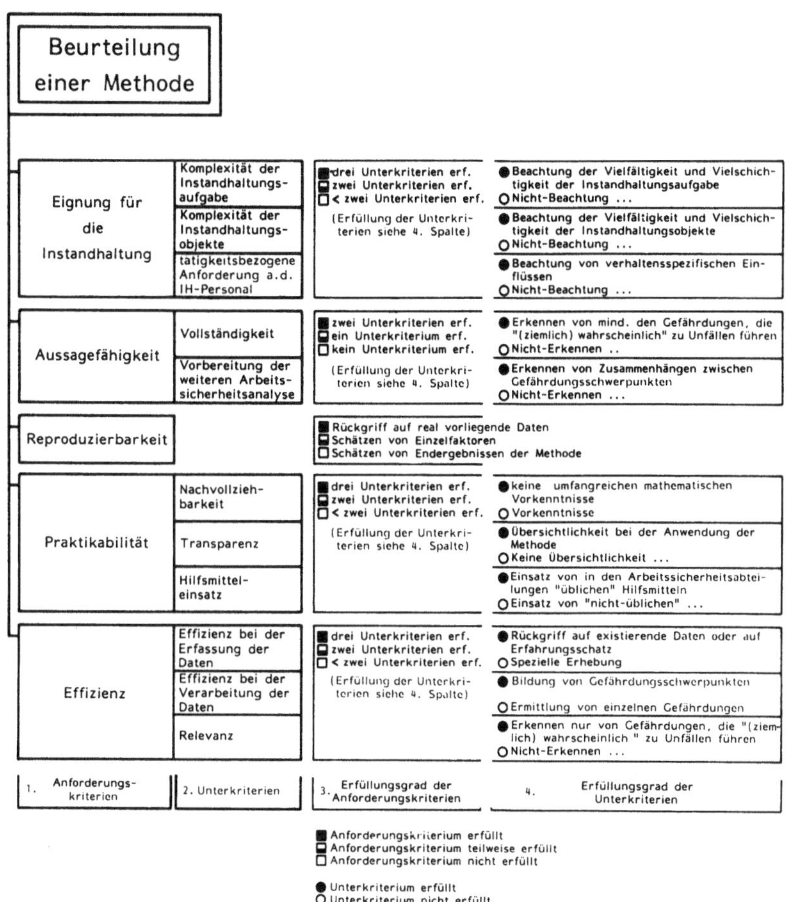

<u>Abb. 5-1:</u> Erfüllungsgrade der Anforderungskriterien und Unterkriterien

mit Hilfe von Unterkriterien beschrieben werden. Die Voraussetzungen zur Erfüllung und Nicht-Erfüllung der <u>Unter</u>kriterien wurden erläutert. Die einzelnen <u>Anforderungs</u>kriterien werden erfüllt, wenn alle Unterkriterien erfüllt sind. Als teilweise erfüllt gelten die Anforderungskriterien, wenn bis auf ein Unterkriterium alle geforderten Unterkriterien positiv bewertet sind. Ist mehr als ein Unterkriterium nicht erfüllt, so soll auch das Anforderungskriterium als nicht positiv bewertet gelten.

Die Ausführungen zu den Erfüllungsgraden ("erfüllt", "teilweise erfüllt", "nicht erfüllt") der Anforderungskriterien und Unterkriterien sind in Abbildung 5-1 (siehe S. 39) zum Zweck einer besseren Übersichtlichkeit noch einmal komprimiert dargestellt.

6 Ableitung eines Methodenansatzes

Das Ziel dieses Kapitels besteht darin, einen Methodenansatz abzuleiten, damit in einem weiteren Ablaufabschnitt (Kapitel 7) eine Methode zur Ermittlung von Gefährdungen bei Instandhaltungsarbeiten entwickelt werden kann (vgl. Kapitel 4.2). Hierzu ist es notwendig, die existierenden Methodenansätze bezüglich der aufgestellten Anforderungskriterien zu diskutieren.

Die in Abbildung 3-1 vorgestellten Gefährdungsanalysen[1] sind bezüglich der in Kapitel 5 aufgestellten Anforderungskriterien bewertet worden; die Ergebnisse lassen sich Abbildung 6-1 entnehmen. Die Bewertung basiert auf sachlogischen Überlegungen zu den einzelnen Methoden. Z.T. erfolgte ein Rückgriff auf die Ergebnisse von Praxistests (vgl. BORGES/HARTUNG 1984, S. 1ff), bei denen die Einsetzbarkeit einzelner Gefährdungsanalysen geprüft wurde.

Wie Abbildung 6-1 zu entnehmen ist, erfüllt die komplex mehrdimensionale Unfallanalyse als einziger Methodenansatz alle Anforderungskriterien. Die eindimensionale und die orientiert mehrdimensionale Unfallanalyse sowie die multivariaten Unfallanalysen erfüllen alle aufgestellten Anforderungskriterien bis auf ein Unterkriterium (vgl. Abbildung 6-1). Die beiden erstgenannten Methoden besitzen den Nachteil einer eingeschränkten Aussagefähigkeit der Analyseergebnisse; in diesen beiden Fällen können nicht alle Gefährdungsschwerpunkte und die Zusammenhänge zwischen diesen ermittelt werden. Dieser Nachteil erscheint vor der Zielsetzung einer Reduzierung der großen Masse von Instandhaltungsunfällen (vgl. Kapitel 4.1) so gravierend, daß diese beiden Methoden nicht weiter verfolgt werden sollen.

Der Nachteil der multivariaten Unfallanalysen liegt darin begründet, daß bei der Anwendung der Methode Rechner mit einem

---

1) Methoden zur Ermittlung von Gefährdungen werden als Gefährdungsanalysen bezeichnet (vgl. Kapitel 4.1).

großen Speicherplatzvolumen zur Verfügung stehen muß. Einige der multivariaten Unfallanalysen, wie zum Beispiel die Clusteranalysen, bieten den Vorteil, daß ihre Einsetzbarkeit in der Sicherheitswissenschaft im Rahmen von wissenschaftlichen Arbeiten nachgewiesen wurden (siehe Kapitel 6.2.3.4). Aus diesen Gründen soll die komplex mehrdimensionale Unfallanalyse im Mittelpunkt der vorliegenden Arbeit stehen.

Bisher existiert die komplex mehrdimensionale Unfallanalyse jedoch nur als Modell, d.h. ihre Einsetzbarkeit ist in der Praxis noch nicht systematisch nachgewiesen worden (vgl. Kapitel 6.2.3.3). Da Teile dieses Methodenansatzes für den praktischen Einsatz in der Instandhaltung fehlen (z.B. die notwendigen Merkmale), sollen im weiteren die Gefährdungsanalysen ausführlicher vorgestellt und bezüglich der Erfüllungsgrade der Anforderungskriterien diskutiert werden. Aus dieser Vorstellung und der Diskussion lassen sich die fehlenden Teile des Methodenansatzes ableiten (vgl. Kapitel 7). Darüber hinaus bietet die Vorstellung der Methoden den Vorteil, daß die wichtigsten Gefährdungsanalysen - was bisher nicht geschehen ist (siehe Kapitel 3) - systematisch dargestellt werden.

Die in Abbildung 3-1 aufgeführten Methodenansätze

- Ausfalleffektanalyse,
- Ereignisablaufanalyse,
- Fehlerbaumanalyse und
- Arbeitsplatzsicherheitsanalyse sowie die
- Unfallanalysen

werden ausführlicher betrachtet[1].

---

1) Auf die Diskussion von Methodenansätzen, die sich nicht für die Instandhaltung eignen (Prüflistenverfahren, Entscheidungstabellentechnik) oder einen (zu) hohen Aufwand - unter Beachtung des möglichen Ergebnisses - erfordern (Simulationsverfahren, multiple Sicherheitsanalyse) oder deren Aussagefähigkeit aufgrund von kaum vollständig zu beschaffenden Daten eingeschränkt ist (Ermittlung aller Beinahe-Unfälle bei der Störungsanalyse), soll verzichtet werden.

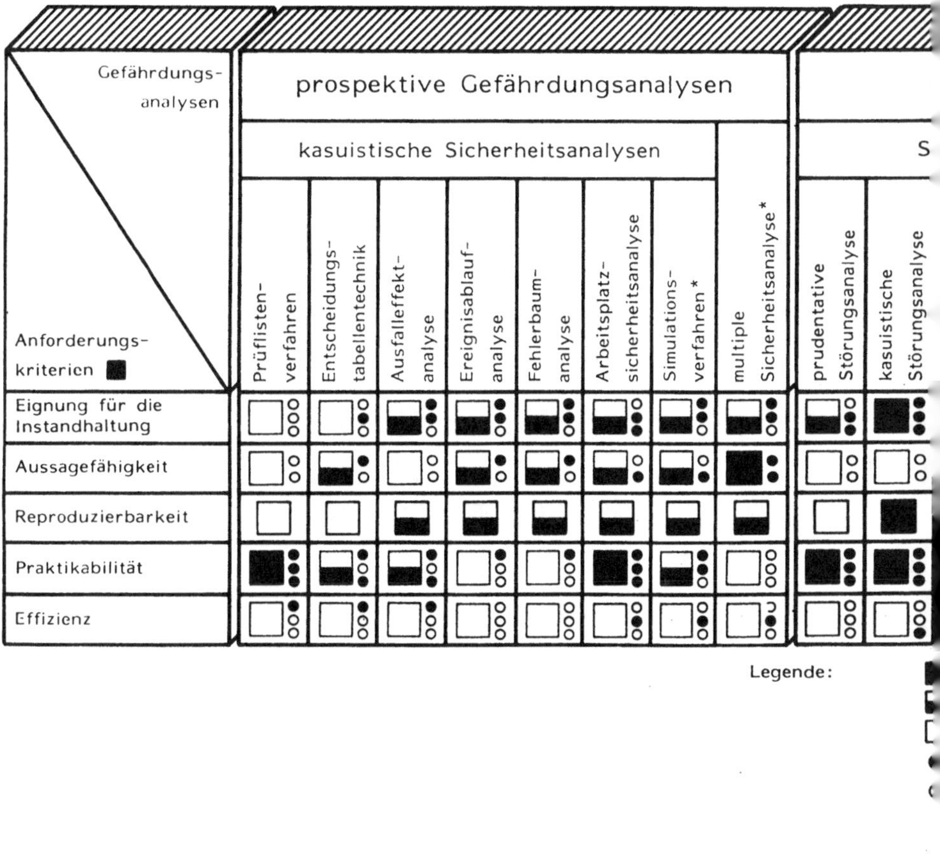

Gefährdungs-
analysen

prospektive Gefährdungsanalysen

kasuistische Sicherheitsanalysen

S

Anforderungs-
kriterien ▪

	Prüflistenverfahren	Entscheidungstabellentechnik	Ausfalleffektanalyse	Ereignisablaufanalyse	Fehlerbaumanalyse	Arbeitsplatzsicherheitsanalyse	Simulationsverfahren*	multiple Sicherheitsanalyse*	prudentative Störungsanalyse	kasuistische Störungsanalyse
Eignung für die Instandhaltung										
Aussagefähigkeit										
Reproduzierbarkeit										
Praktikabilität										
Effizienz										

Legende:

Abb. 6-1: Erfüllungsgrade der Methoden

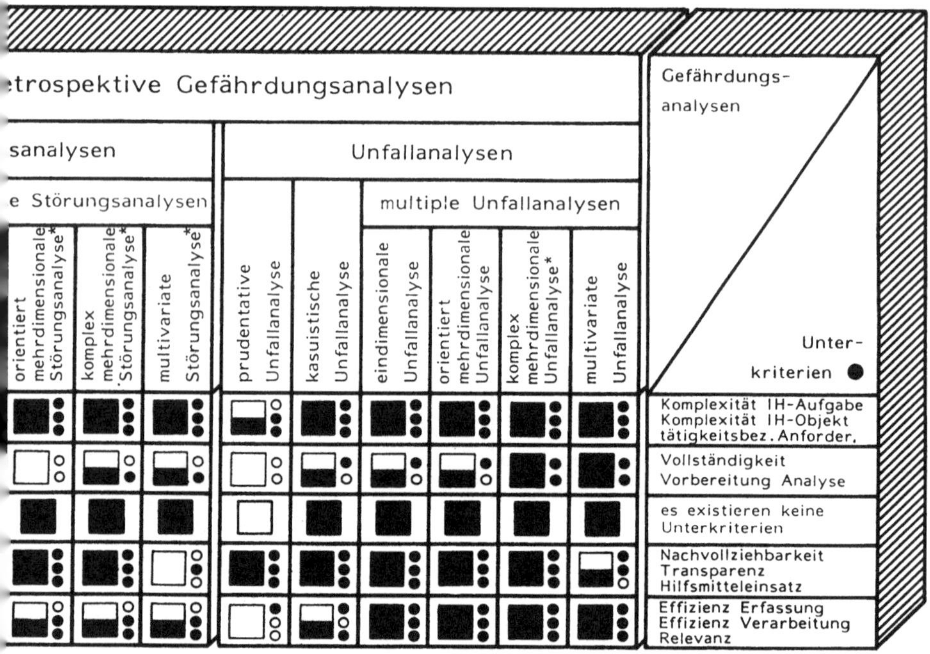

:trospektive Gefährdungsanalysen

Gefährdungs-
analysen

sanalysen

Unfallanalysen

e Störungsanalysen

multiple Unfallanalysen

orientiert mehrdimensionale Störungsanalyse*	komplex mehrdimensionale Störungsanalyse*	multivariate Störungsanalyse*	prudentative Unfallanalyse	kasuistische Unfallanalyse	eindimensionale Unfallanalyse	orientiert mehrdimensionale Unfallanalyse	komplex mehrdimensionale Unfallanalyse*	multivariate Unfallanalyse	
									Komplexität IH-Aufgabe Komplexität IH-Objekt tätigkeitsbez.Anforder.
									Vollständigkeit Vorbereitung Analyse
									es existieren keine Unterkriterien
									Nachvollziehbarkeit Transparenz Hilfsmitteleinsatz
									Effizienz Erfassung Effizienz Verarbeitung Relevanz

Unter-
kriterien ●

orderungskriterium erfüllt

orderungskriterium teilweise erfüllt

orderungskriterium nicht erfüllt

erkriterium erfüllt

erkriterium nicht erfüllt

* Gefährdungsanalysen, die nur als Modellansatz existieren; ihre Einsatzbarkeit ist
in der Praxis noch nicht systematisch
nachgewiesen.

6.1 Prospektive Gefährdungsanalysen (Sicherheitsanalysen)

Grundsätzlich können die Gefährdungsanalysen nach prospektiven und retrospektiven Gefährdungsanalysen differenziert werden (vgl. Abbildung 3-1).

Die prospektiven Gefährdungsanalysen[1] - recht häufig wird hierfür auch der Begriff "Sicherheitsanalysen" verwendet - sind dadurch gekennzeichnet, daß Arbeitssysteme, in denen Gefährdungen immanent sind, systematisch auf das Vorhandensein von Gefährdungen analysiert werden. Ziel der prospektiven Vorgehensweise ist es, Gefährdungen vorausschauend zu erkennen, bevor sich diese in unerwünschten Ereignissen - z.B. Unfällen - konkretisieren (siehe Abbildung 6-2). Diese Vorgehensweise hat den Vorteil, daß Gefährdungen durch geeignete Maßnahmen beseitigt werden können, ehe sie zu unerwünschten Ereignissen führen.

Die prospektiven Gefährdungsanalysen sind sowohl

- kasuistisch als auch
- multipel[2] durchführbar.

Die kasuistischen Sicherheitsanalysen[3] beschränken sich auf

---

1) Der Begriff "prospektive Gefährdungsanalysen", "prospektive Analyse" bzw. "prospektive Vorgehensweise" wurde bereits von GNIZA (1958, S. 19) verwendet. U.a. gebrauchen SCHULZ (1973a, S. 87), SEGGER/ZIMOLONG (1982, S. 58), RÖBENACK (1984, S. 141) und NOHL/THIEMECKE (1987, S. 9) diese Bezeichnung. Die prospektiven Gefährdungsanalysen sind auch als "präventive Gefährdungsanalysen", "prognostische Verfahren", "induktive Verfahren", "kurativer Ansatz", "konstruktive Methoden", "direkte Gefährdungsermittlung", "Systemsicherheitsanalysen" und "unfallunabhängige Analysen" bekannt (vgl. MEISENBACH 1969, S. 71; SILLER 1970, S. 186; HAGENKÖTTER 1973, S. 19; SCHULZ 1973b, S. 385; FREI 1975, S. 54; HOYOS 1979, S. 72; SCHNEIDER 1984, S. 25).

2) Wie oben bereits erwähnt wird die "multiple Sicherheitsanalyse" nicht weiter verfolgt (vgl. Kapitel 6).

3) Diese Methoden sind auch unter der Bezeichnung "direkte, kasuistische Gefährdungsermittlung" bekannt (vgl. SCHNEIDER 1977, S. 21/2).

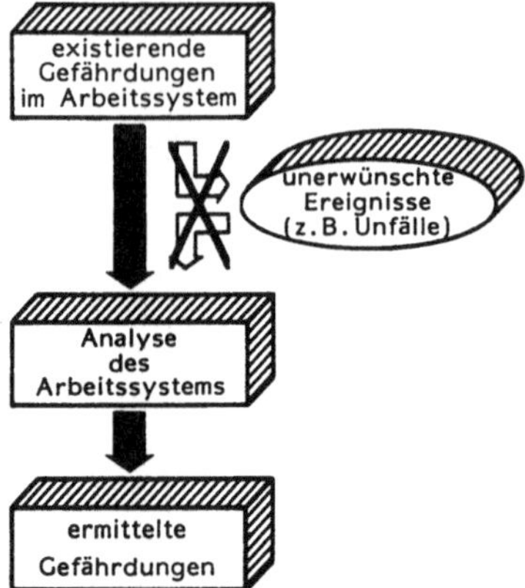

Abb. 6-2: Modell zu den prospektiven Gefährdungsanalysen

den einzelnen Gefährdungsfall. Jeder Fall ist entsprechend den
betrieblichen Randbedingungen umfassend zu untersuchen.

Mit Hilfe der multiplen Sicherheitsanalyse können gleichzeitig
Daten mehrerer Gefährdungen ermittelt und aufbereitet werden.

6.1.1 Ausfalleffektanalyse

Wie aus Abbildung 3-1 hervorgeht, subsumiert man unter den
Gefährdungsanalysen auch die Ausfalleffektanalyse[1]. Das Ziel
der Ausfalleffektanalyse besteht in der qualitativen Bewertung
von Arbeitssystemen hinsichtlich des Ausfalls einzelner Komponenten. Hieraus lassen sich u.a. sicherheitsrelevante Informationen über das System ableiten. Die weitestgehend formalisier-
te Vorgehensweise wird in DIN 25448 (1980, S. 1ff) beschrieben.
Für jede Komponente wird ein Formblatt (siehe Abbildung 6-3)

---

1) Die Ausfalleffektanalyse ist auch unter der Bezeichnung
   "Ausfallart- und Fehleranalyse", "Ausfallwirkungsanalyse",
   "Failure Mode and Effect-Analysis (FMEA)" und "Hazard Mode
   and Effect-Analysis (HMEA)" bekannt (vgl. PAHL/SCHMIDT
   1973, S. 410; FREI 1975, S. 68; MÜLLER 1976, S. 20; MEYNA
   1982, S. 90; KÜHNE 1984, S. 142).

1	2	3	4	5	6	7		8
Nr.	Funktions-element	Ausfallart	Schadensbild, mögliche Ursachen	Ausfall-erkennung	vorhandene Gegenmaß-maßnahmen	Ausfallauswirkungen auf das System und ggf. auf seine Umgebung		Ausfallbe-wertung Bemerkungen
						Beschreibung	Unterlage	

Abb. 6-3: Formblatt einer Ausfalleffektanalyse (in Anlehnung an DIN 25448, 1980, S. 4)

angelegt, in das zunächst sämtliche Ausfallarten für die verschiedenen möglichen Funktionen der betrachteten Komponente
eingetragen werden. Anschließend werden für die verschiedenen
Ausfallarten die Ausfallerkennungsmöglichkeiten und die even-
tuellen Ausfallursachen festgehalten. In Abhängigkeit von vorhandenen Gegenreaktionen des Arbeitssystems (z.B. automatisches
Schließen eines Ventils) werden im weiteren die Ausfallauswir-
kungen auf das System und gegebenenfalls auf seine Umgebung
beschrieben. Schließlich sind die verschiedenen Ausfallauswir-
kungen grob zu bewerten. Werden durch die Bewertung Gefährdungen erkannt, so sind diese unter Verwendung anderer Methoden
weiter zu analysieren (z.B. durch die Fehlerbaumanalyse und
die Ereignisablaufanalyse).

Im Rahmen der Ausfalleffektanalyse ist es mit großem analyti-
schen Aufwand (vgl. DIN 25448, 1980, S. 2) möglich, die Komplexität der Instandhaltungsaufgaben und -objekte zu beachten. Da
mit dieser Methode nur Aufgaben und Objekte untersucht werden
können und somit verhaltensspezifische Einflüsse keine Berücksichtigung finden, ist die Ausfalleffektanalyse nur begrenzt
für die Instandhaltung geeignet[1].

Die fehlende Aussagefähigkeit der Methodenresultate ergibt
sich daraus, daß immer nur einzelne Komponenten beurteilt
werden; die meisten unerwünschten Ereignisse entstehen jedoch
aufgrund von Ausfallkombinationen. Hierdurch sind nicht alle
Gefährdungen - selbst die nicht, die mit einer größeren Wahr-

---

1) Im weiteren sind die untersuchten Anforderungskriterien
   unterstrichen.

scheinlichkeit zu Unfällen führen - erkennbar. Außerdem ist es
nicht möglich, Schwerpunkte und damit Zusammenhänge zwischen
Schwerpunkten abzuleiten.

Im Rahmen der Durchführung der Methode sind Einzelfakten abzuschätzen, wie z.B. die Ausfallbewertung; aufgrund dieser Einschätzung ist die Reproduzierbarkeit eingeschränkt.

Da die Methode ohne umfangreiche mathematische Vorkenntnisse
verständlich ist, kann sie als nachvollziehbar gelten. Die
Übersichtlichkeit während der Anwendung der Methode geht jedoch
bei komplexen Arbeitssystemen verloren; sehr viele Einzelbetrachtungen sind durchzuführen, bis ein Gesamtbild aller Gefährdungen in einem Unternehmensbereich zusammengestellt werden
kann. Zum Einsatz kommen nur die in den Unternehmen verfügbaren
Hilfsmittel. Aufgrund dieser Zusammenhänge ist die Praktikabilität nur teilweise gegeben.

Das Anforderungskriterium "Effizienz" ist nicht erfüllt, da
erstens mit dieser Methode keine Schwerpunkte ableitbar sind
und zweitens auch Gefährdungen ermittelt werden, die mit einer
sehr geringen Wahrscheinlichkeit zu Unfällen führen.

Die beschriebenen Nachteile führen dazu, daß die Ausfalleffektanalyse i.d.R. nur in der Entwurfsphase von großen technischen
Projekten für eventuelle Verbesserungen Anwendung findet. Sie
ist ebenfalls einsetzbar, um Anhaltspunkte für die Anwendung
der Ereignisablaufanalyse, der Fehlerbaumanalyse oder anderer
Methoden zu erhalten (vgl. DIN 25448, 1980, S. 1).

Die Ausfalleffektanalyse weist einige Modifikationen auf: Die
"vorläufige Gefahrenanalyse" berücksichtigt zur Begrenzung des
Aufwandes und zur Konzentration auf bestimmte Ausfallmechanismen nur jene Komponenten, denen sich ein großes Gefahrenpotential zuordnen läßt. Die "Human Error and Effects-Analysis" und
die "Information Error and Effects-Analysis" berücksichtigen
keine Anlagenkomponenten, sondern stellen menschliches Fehlver-

halten bzw. Fehlinformationen in den Mittelpunkt der Betrachtungen (vgl. MEYNA 1982, S. 90; KÜHNE 1984, S. 143).

6.1.2 Ereignisablaufanalyse

Eine weitere Gefährdungsanalyse ist die Ereignisablaufanalyse[1]. In der Ereignisablaufanalyse werden alle unerwünschten Ereignisse (z.B. Unfälle) ermittelt, die sich aus einem vorgegebenen Anfangsereignis entwickeln können. Das induktive Vorgehen der Ereignisablaufanalyse ist damit der Ausfalleffektanalyse sehr ähnlich. Allerdings ist der Einsatzbereich der Ereignisablaufanalyse um die Möglichkeit der Untersuchung von Ausfallkombinationen und dynamischer Prozesse erweitert.

Die Methode findet ihre Anwendung bei Untersuchungen von Arbeitssystemen, in denen sich gravierende Unfälle ereignen können; z.B. bei der Bestimmung der Reaktorsicherheit.

Nach der Vorgabe eines Anfangsereignisses - z.B. eines Komponentenausfalls oder einer Fehlbedienung - werden die dadurch induzierten Folgeereignisse abgeleitet. Die Untersuchung der Kausalkette wird so lange fortgesetzt, "bis die angeforderten Funktionen ... abgefragt sind" (DIN 25419, 1985, S. 1), d.h. bis ein Folgeereignis zum Endereignis wird. Die Ergebnisse dieser Analyse lassen sich durch eine Baumstruktur in einem Ereignisablaufdiagramm mit definierten Symbolen graphisch festhalten (siehe Abbildung 6-4). Mit dem Ereignisablaufdiagramm liegt somit ein Modell vor. Dieses gibt die vollständigen Bedingungen an, unter denen ein Anfangsereignis zu bestimmten

---

1) Die Bezeichnung "Ereignisablaufanalyse" wurde in DIN 25419 vom November 1985 neu festgelegt. Im allgemeinen Sprachgebrauch ist jedoch die Bezeichnung "Störfallablaufanalyse" der ausgelaufenen DIN-Norm üblich. Die Ereignisablaufanalyse ist auch noch unter dem Begiff "Ereignisbaumanalyse", "Störfallanalyse", "Event Tree-Analysis", "Event Flow-Analysis" und "Event Accident Process" bekannt (vgl. LINDACKERS 1973, S. 178; MEYNA 1982, S. 91; KÜHNE 1984, S. 144).

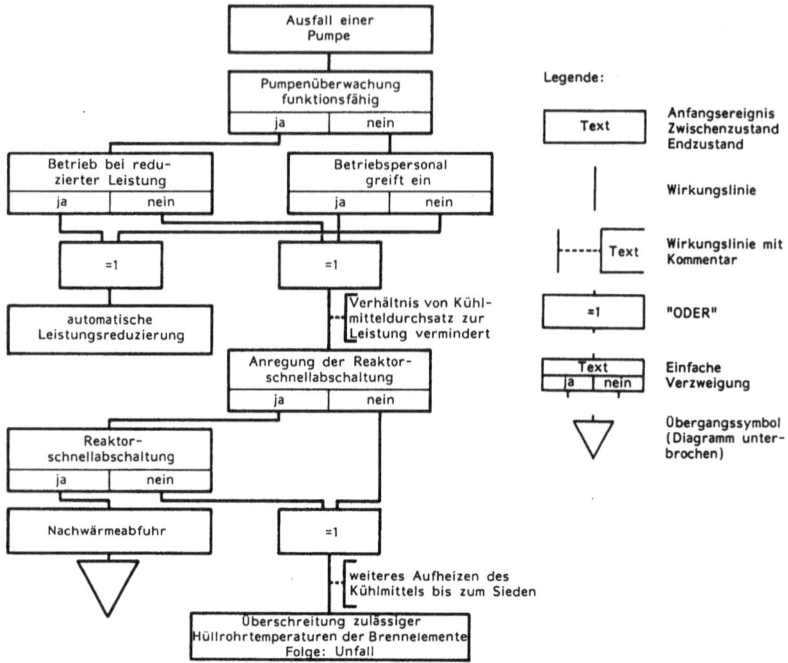

Abb. 6-4: Beispiel einer Ereignisablaufanalyse (in Anlehnung
an DIN 25419, 1985, S. 3)

Endzuständen führt. Darüber hinaus bietet das Diagramm die
Möglichkeit einer Wahrscheinlichkeitsauswertung. Unter der
Vorgabe der Häufigkeit des Anfangsereignisses kann mit Kenntnis
der Verzweigungswahrscheinlichkeiten die Häufigkeit des Endzustandes - z.B. eines Unfalls - bestimmt werden.

Die Ermittlung der Anfangswahrscheinlichkeit bzw. der Verzweigungswahrscheinlichkeiten basiert überwiegend auf Schätzungen.
Aus diesem Grund ist die Reproduzierbarkeit eingeschränkt.

Die Argumente, die für die eingeschränkte "Eignung" dieser
Methode sprechen, sind bereits bei der Ausfalleffektanalyse
aufgeführt worden.

Abgesehen von Gefährdungen, die durch das Verhalten des Personals beeinflußt werden, sind mit entsprechendem Aufwand alle Gefährdungen ermittelbar. Eine Erkennung von Zusammenhängen zwischen Gefährdungsschwerpunkten ist nicht möglich, da mit Hilfe dieser Methode keine Schwerpunkte ableitbar sind. Die "Aussagefähigkeit" ist demzufolge nur zum Teil gegeben.

Zwar sind zum Verständnis der Methode keine umfangreichen mathematischen Vorkenntnisse erforderlich, die Übersichtlichkeit bei der Anwendung geht aber aufgrund der sehr komplexen Struktur des Ereignisdiagramms verloren. Da zusätzlich die Ermittlung der Häufigkeit des Endzustandes den Einsatz eines Rechners der mittleren Datentechnik erfordert, ist das Anforderungskriterium "Praktikabilität" nicht erfüllt.

Auch das Anforderungskriterium "Effizienz" ist nicht erfüllt, da die Daten speziell für diese Anwendung erhoben werden müssen, keine Schwerpunkte abzuleiten sind und auch Gefährdungen ermittelt werden, die nur mit einer sehr geringen Wahrscheinlichkeit zu Unfällen führen.

6.1.3 Fehlerbaumanalyse

Die von den BELL LABORATORIES und BOEING (vgl. FERRY 1981, S. 135) für hochkomplexe Waffensysteme entwickelte Methode der Fehlerbaumanalyse[1] verfolgt das Ziel, ausgehend von einem unerwünschten Ereignis rückschauend auf die Ursachen (Ausfallkombinationen) zu schließen (vgl. DIN 25424, 1981, S. 1). Diese Methode ist somit die logische Umkehrung der Ereignisablaufanalyse, die auf dem Ausfall einer Komponente bzw. einer Ausfall-

---

1) Die "Fehlerbaumanalyse" wird, wenn sie speziell zur Untersuchung von Gefährdungen herangezogen wird - insbesondere von PETERS/MEYNA (1985, S. 671) - als "Gefahrenbaumanalyse" bezeichnet. Die Methode wird auch unter der Bezeichnung "Fault Tree Analysis" geführt (vgl. MEYNA 1982, S. 97).

kombination basiert und daraus folgende mögliche unerwünschte
Ereignisse ermittelt (vgl. Kapitel 6.1.2).

Bei der Fehlerbaumanalyse erfolgt zunächst die Festlegung
eines (fiktiven) unerwünschten Ereignisses, z.B. eines Unfalls. Darauf aufbauend sind alle Ursachen zu ermitteln, die
unmittelbar zu dem unerwünschten Ereignis führen können (siehe
Abbildung 6-5). Anschließend sind die mittelbaren Ursachen
(d.h. die "Ursachen der Ursachen") zu bestimmen. Der letzte
Arbeitsschritt wird so lange wiederholt, bis entweder unabhängige Ursachen ermittelt worden sind oder wegen Bedeutungslosig-
keit einer Ursache für eine weitere Aufgliederung kein Grund
mehr besteht (vgl. FREI 1975, S. 88). Entsprechend DIN 25424
(1981, S. 2) ergibt die graphische Zusammenstellung der Ergebnisse den sogenannten Fehlerbaum. Mit Hilfe des Fehlerbaums

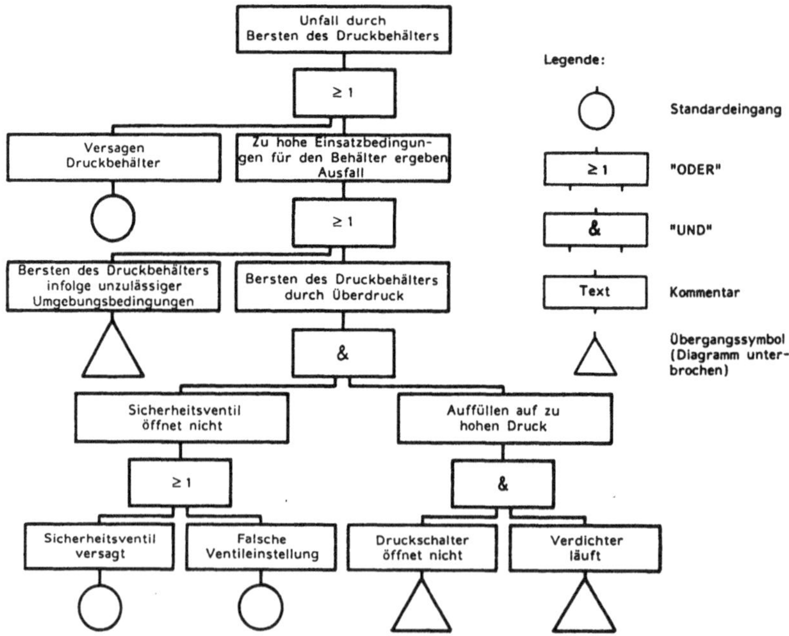

Abb. 6-5: Beispiel einer Fehlerbaumanalyse (in Anlehnung an
DIN 25424, 1981, S. 8)

ist es möglich, die ermittelten Analyseergebnisse in algebraische Terme zu übersetzen. Ist die Häufigkeit des Eintritts der unabhängigen Ereignisse und der Verzweigungswahrsscheinlichkeiten bekannt, kann die relative Bedeutung der Ursachen der unerwünschten Ereignisse errechnet werden.

Bei der Fehlerbaumanalyse gelten dieselben Argumente für die Erfüllung bzw. Nicht-Erfüllung der Anforderungsmerkmale, wie für die Ereignisablaufanalyse; sie sollen an dieser Stelle nicht noch einmal aufgeführt werden.

Die hauptsächliche Anwendung der Methode erfolgt bei Arbeitssystemen, in denen sich gravierende Unfälle ereignen können; z.B. bei der Bestimmung der Sicherheit von Flugzeugen. Die Fehlerbaumanalyse wird auch zur Ursachenforschung bereits eingetretener Unfälle eingesetzt.

Eine Modifikation des Fehlerbaums ist die Critical Path Method (CPM). Bei der Critical Path Method wird in jeder Verzweigung des Fehlerbaums nur die Ursache für das unerwünschte Ereignis weiterverfolgt, deren Eintrittswahrscheinlichkeit am höchsten eingeschätzt wird (vgl. GRIMALDI/SIMONDS 1975, S. 436).

6.1.4 Arbeitsplatzsicherheitsanalyse

Im Rahmen der Arbeitsplatzsicherheitsanalyse[1] werden die für einen Arbeitsplatz typischen Arbeitsvorgänge und Tätigkeiten auf mögliche Gefährdungen untersucht. Eine Untersuchung erfolgt

---

1) Der Begriff "Arbeitsplatzsicherheitsanalyse" wird ebenfalls von der IG-METALL (o.J. S. 3ff) sowie von MARKS u.a. (1963, S. 479), SCHNEIDER (1966, S. 260), HARTMANN (1967, S.71) und SCHULZ (1973a, S. 100) verwendet. Diese ist auch unter den Bezeichnungen "Arbeitsablaufanalyse", "Arbeitssicherheitsanalyse", "Arbeitsanalyse", "Arbeitsplatzanalyse", "-Tätigkeitsspezifische Analyse" und "Berufsanalyse" bekannt (vgl. PUTTRICH 1969, zitiert bei HOYOS 1974, S. 65; HOYOS 1974, S.61 und S. 65; FREI 1975, S. 29; HOYOS u.a. 1981, S. 147; SKIBA 1985, S. 74).

insbesondere dann, wenn sich Gefährdungen in Unfällen konkretisiert haben oder wenn Arbeitsplätze aufgrund von sachlogischen Überlegungen als besonders gefährlich eingestuft werden.

Zunächst sind alle allgemeinen Daten des Arbeitsplatzes zu sammeln. Auf der Basis intensiver Beobachtungen lassen sich im folgenden die Arbeitsabläufe an den zu untersuchenden Arbeitsplätzen in einzelne Arbeitsvorgänge gliedern. Die Gliederung erfordert dabei einen großen Sachverstand; DE GREEN (1970, S. 21) gibt dazu einige Hilfen an. Abschließend werden für jeden einzelnen Arbeitsvorgang alle Gefährdungen ermittelt, die durch das Objekt verursacht werden und die im Verhalten des Ausführenden begründet sind. Die quantitative Ermittlung der Gefährdungen erfolgt überwiegend empirisch mittels vom Anwender festgelegter Kriterien (vgl. SKIBA 1985, S. 74). Zum Teil werden Gefährdungen durch praktische Erprobung der Funktionssicherheit des Arbeitssystems und aufgrund von Erfahrungen an gleichartigen Systemen festgestellt.

Menschliches Fehlverhalten kann zum Teil durch erfahrene Fachkräfte für Arbeitssicherheit erkannt und beurteilt werden. Die Eignung der Methode für die Instandhaltung ist eingeschränkt, da es kaum möglich ist, alle auftretenden Instandhaltungsaufgaben zu analysieren. Die Methode ist nur bei häufig wiederkehrenden Instandhaltungsaufgaben und bei Instandhaltungsaufgaben mit gleichen Arbeitsvorgängen anwendbar (vgl. SKIBA 1985, S. 75). Die Vielfalt und Vielschichtigkeit der Instandhaltungsobjekte kann mit hohem Aufwand berücksichtigt werden.

Zusammenhänge zwischen Gefährdungsschwerpunkten sind von erfahrenen Fachkräften für Arbeitssicherheit erkennbar. Wie Erfahrungen der US ATOMIC ENERGY COMMISSION zeigen (vgl. FREI 1975, S. 31), werden jedoch menschliche Fehler meist unterschätzt, so daß das Anforderungskriterium "Aussagefähigkeit" der Arbeitsplatzsicherheitsanalyse nur teilweise erfüllt ist.

Da im Rahmen der Methodenanwendung einige Abschätzungen vorzunehmen sind, sind die Ergebnisse des Einsatzes nur zum Teil reproduzierbar.

Das Anforderungskriterium "Praktikabilität" ist in vollem Umfang erfüllt. Die Arbeitsplatzsicherheitsanalyse kann ohne mathematische Vorkenntnisse nochvollzogen werden, die Übersicht beim Einsatz der Methode bleibt erhalten und die Anwendung ist mit den zur Verfügung stehenden Hilfsmitteln durchführbar.

Die Effizienz ist nicht gegeben, da erstens nicht auf existierende Daten zurückgegriffen werden kann (die Daten sind speziell für die Arbeitssicherheitsanalyse zu ermitteln). Zweitens werden auch Gefährdungen erhoben, die nur mit einer sehr geringen Wahrscheinlichkeit zu Unfällen führen und für die praktische Arbeit von untergeordneter Bedeutung sind.

Modifikationen der Arbeitsplatzsicherheitsanalyse sind die Technique of Human Error Rate Prediction (THERP), bei der insbesondere menschliches Fehlverhalten berücksichtigt wird, sowie die Hazard and Operability Study (HAZOP) und das PAAG[1]-Verfahren, die beide die sicherheitstechnischen Bedürfnisse der Verfahrenstechnik und der chemischen Industrie berücksichtigen (vgl. GRIMALDI/SIMONDS 1975, S. 431f; MÜLLER 1976, S. 30ff; KÜHNE 1984, S. 141; UTH 1984, S. 163).

6.2 Retrospektive Gefährdungsanalysen

Das Ziel des Kapitels 6 besteht - wie bereits erwähnt - darin, die Methoden zur Ermittlung von Gefährdungen bezüglich ihrer Ziele und Vorgehensweisen sowie der Erfüllungsgrade der Anforderungskriterien zu diskutieren, um darauf aufbauend einen Methodenansatz für die Ermittlung von Gefährdungen bei Instandhaltungsarbeiten ableiten zu können. In diesem Zusammenhang muß

---

1) PAAG bedeutet: Prognose von Störungen, Auffinden der Ursachen, Abschätzen der Wirkungen und Gegenmaßnahmen.

eine zweite Art von Gefährdungsanalysen betracht werden, die retrospektiven Gefährdungsanalysen[1] (siehe Abbildung 3-1).

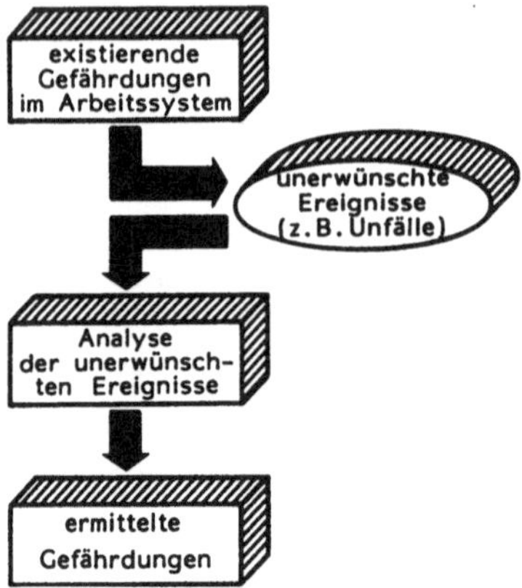

Abb. 6-6: Modell zu den retrospektiven Gefährdungsanalysen

Im Gegensatz zu den bereits besprochenen prospektiven Gefährdungsanalysen kann der Einsatz retrospektiver Gefährdungsanalysen erst nach Eintritt eines unerwünschten Ereignisses erfolgen. Ein unerwünschtes Ereignis ist ein Vorfall, der den "normalen" Betriebsablauf stört und den es aus diesem Grund zu vermeiden gilt; unerwünschte Ereignisse sind Unfälle und Störungen, wie "Ausfall einer Maschine" oder "Beinahe-Unfälle". Die Gefährdungsanalysen werden rückschauend - d.h. retrospektiv - durchgeführt. Eine Analyse nach Eintritt eines unerwünschten Ereignisses läßt erkennen, ob und an welcher Stelle Gefährdungen im Arbeitssystem vorhanden sind (siehe Abbildung 6-6).

---

1) Der Begriff "retrospektive Gefährdungsanalysen" bzw. "retrospektive Analysen" wird auch von SEGGER/ZIMOLONG (1982, S. 66), REHTANZ/WIENHOLD (1980, S. 85), SCHULZ (1973a, S. 28), GNIZA (1958, S. 19), COMPES (1970, S. 19), HAMMER u.a. (1986a, S. 7) und NOHL/THIEMECKE (1987, S. 9) verwendet. Diese Methoden sind auch als "explorative Gefährdungsanalysen", "rekonstruktive Verfahren", "rückschauende Gefährdungsanalysen", "statistisches Verfahren" und "indirekte Gefahrenermittlung" bekannt (vgl. SILLER 1970, S. 186; MEISENBACH 1977, S. 22/4; SCHNEIDER 1977, S. 21/2; THIEMECKE 1979, S. 684; HAMMER u.a. 1986b, S. 4).

Das unerwünschte Ereignis wird hierbei als Indikator für Gefährdungen herangezogen. Sind sämtliche Indikatoren für ein abgegrenztes Untersuchungsfeld über einen längeren Zeitraum, z.B. von 10^5 Stunden erfaßt worden, so kann davon ausgegangen werden, daß alle Gefährdungen ermittelt sind, die in der Praxis zu Unfällen führen und die für die Arbeit der Sicherheitsfachkräfte eine Bedeutung haben (vgl. Kapitel 2).

Entsprechend den beiden Arten von Indikatoren, Unfälle und Störungen, lassen sich folgende Methoden unterscheiden:

- Unfallanalysen und
- Störungsanalysen[1].

Zur Ermittlung von Gefährdungen werden sehr häufig die Unfallberichte herangezogen (vgl. SCHNEIDER 1984, S. 29). Bei den meisten Unfallberichten (vgl. Kapitel 6.2.2 und 6.2.3) erfolgt eine Befragung der an einem Unfall beteiligten Personen und Zeugen nach dem Unfallhergang; darauf aufbauend wird ein entsprechender Unfallbericht erstellt. Aus den Daten des Unfallberichts sind die existierenden Gefährdungen abzuleiten.

Die Unfallanalysen lassen sich einteilen in:

- prudentative Unfallanalyse,
- kasuistische Unfallanalyse und
- multiple Unfallanalysen (vgl. Abbildung 3-1).

6.2.1 Prudentative Unfallanalyse

Die prudentative Unfallanalyse[2] (siehe Abbildung 6-7) stützt

---

1) Der Begriff "Störungsanalyse" wird von HILDEBRANDT (1985, S. 12) und SKIBA (1985, S. 72f) verwendet. Sie ist auch als Schadenskontrolle bzw. Damage Control bekannt (vgl. SKIBA 1985, S. 72).

2) Prudenia, ae f. (lat.) bedeutet Erfahrung; aus diesem Grund ist die Methode auch unter der Bezeichnung "erfahrungsgemäße Ermittlung" bekannt (vgl. SKIBA 1971, S. 31).

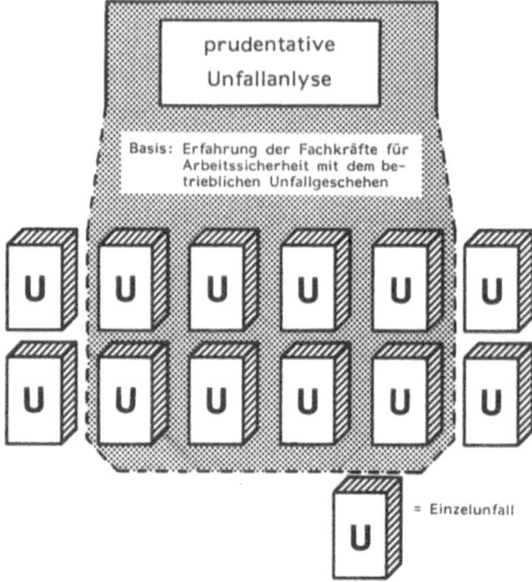

Abb. 6-7: Modell der prudentativen Unfallanalyse

sich auf die Erfahrung von Praktikern, die aus der Kenntnis
betrieblicher Gegebenheiten und bereits geschehener Unfälle
vorhandene Gefährdungen ableiten. Geschulte Praktiker, zumeist
Fachkräfte für Arbeitssicherheit, erkennen Konzentrationen
gleichartiger Unfälle, die sich in bestimmten Betriebsbereichen
oder bei bestimmten Tätigkeiten ereignen, als Gefährdungsschwerpunkte. Diese Methode wird oft als einfachste Art der
Ermittlung von Gefährdungen angesehen.

Alle drei Unterkriterien des Anforderungskriteriums "Praktikabilität" sind erfüllt; die prudentative Unfallanalyse weist
eine sehr einfache Struktur auf (mathematische Kenntnisse
werden nicht benötigt), die Anwendung der Methode bleibt übersichtlich, Hilfsmittel werden nicht benötigt.

Das Anforderungskriterium "Aussagefähigkeit" ist hingegen nicht
erfüllt. Weder können alle Gefährdungen aufgeführt werden, die
mit einer ziemlich hohen Wahrscheinlichkeit zu Unfällen führen,

noch ist es (ausreichend) möglich, Zusammenhänge zwischen Gefährdungsschwerpunkten zu erkennen, "nicht zuletzt deshalb, weil die Erfahrung nivelliert" (SCHNEIDER 1966, S. 258).

Die Reproduzierbarkeit ist nicht gegeben, da Endergebisse geschätzt werden.

Die Eignung der prudentativen Unfallanalyse für die Instandhaltung ist eingeschränkt. Der Beurteiler ist zwar in der Lage, verhaltensspezifische Einflüsse sowie die Vielfältigkeit und Vielschichtigkeit der Objekte in der Analyse zu berücksichtigen. Es ist ihm jedoch nicht möglich, die Vielfältigkeit und Vielschichtigkeit der Instandhaltungsaufgabe zu beachten.

Der Aufwand für die Anwendung der prudentativen Unfallanalyse ist zwar gering, als effizient kann die Methode jedoch nicht bezeichnet werden, da das gewünschte Ziel nicht erreicht wird: Der Beurteiler gibt erstens Gefährdungen an, die sich z.T. nur mit einer sehr geringen Wahrscheinlichkeit konkretisieren, und zweitens können Schwerpunkte von Gefährdungen nicht korrekt angegeben werden. Dies verdeutlicht eine von ZIMOLONG u.a. (1978, S. 38ff) durchgeführte Untersuchung: In deren Rahmen erfolgte ein Vergleich zwischen Unfallschwerpunkten, die auf der Basis von Unfallmeldungen ermittelt wurden und Unfallschwerpunkten, die für denselben Bereich von den Arbeitnehmern angegeben worden sind. Die Untersuchung ergab, daß die Arbeitnehmer eine Reihe von Fehleinschätzungen vornahmen. Zu einem ähnlichen Ergebnis gelangt THIELE (1968, zitiert bei SKIBA 1971, S. 33), der die Übereinstimmung zwischen den Ergebnissen einer Befragung von Technischen Aufsichtsbeamten der Berufsgenossenschaften sowie von Beamten der Gewerbeaufsicht und den Ergebnissen einer statistischen Auswertung maß. Die mit der prudentativen Unfallanalyse ermittelten Angaben stimmten z.T. nicht mit den statistisch festgestellten Angaben überein.

Die prudentative Methode sollte nur als Grobanalyse für weitergehende Gefährdungsanalysen dienen.

6.2.2 Kasuistische Unfallanalyse

Wie aus Abbildung 3-1 hervorgeht, subsumiert man unter der
Unfallanalyse auch die kasuistische Unfallanalyse[1]. Die kasuistische Unfallanalyse basiert auf der Erfassung und Aufbe-
reitung der Daten einzelner Unfälle; jeder Unfall wird auf
seine Ursachen hin untersucht (siehe Abbildung 6-8). Für jede
Gefährdung, d.h. für jeden Unfall, werden Maßnahmen zur Beseitigung dieser Gefährdung ermittelt und durchgeführt.

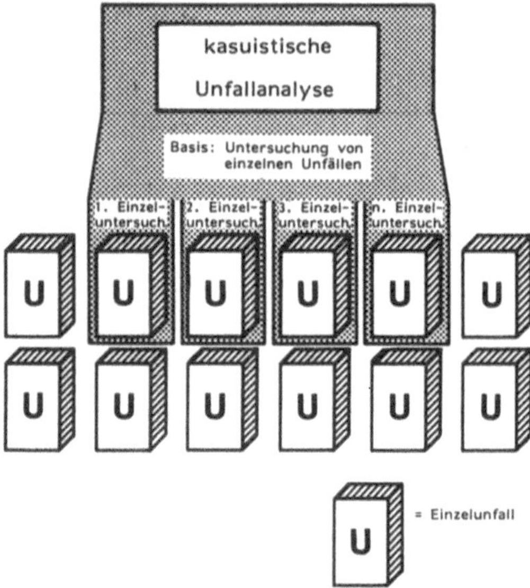

Abb. 6-8:   Modell der kasuistischen Unfallanalyse

Unfallschwerpunkte sind, da es sich um Einzeluntersuchungen
handelt, mit der kasuistischen Unfallanalyse nicht bestimmbar.
Aufgrund dieser Gegebenheit und des Umstandes, daß auf existierende Daten (z.B. Unfallmeldungen an die Berufsgenossenschaften) zurückgegriffen werden kann und hierbei nur Gefährdungen

---

1) Die "kasuistische Unfallanalyse", von WEISS (1987, S. 13)
   "kasuistische Methode" genannt, ist auch als "Einzelanalyse"
   und "indirekt, kasuistische Gefährdungsermittlung" bekannt
   (vgl. SCHNEIDER 1966, S. 258; THIELE 1971, S. 10).

ermittelt werden, die zu Unfällen führen, ist das Anforderungskriterium "Effizienz" teilweise erfüllt.

Das Anforderungskriterium "Aussagefähigkeit" ist ebenfalls nur
teilweise erfüllt, da - wie bereits erwähnt - alle Gefährdungen ermittelt werden, die zu Unfällen führen und keine Zusammenhänge zwischen Unfallschwerpunkten ableitbar sind.

Die restlichen drei Anforderungskriterien sind bei der kasuistischen Unfallanalyse in vollem Umfang gegeben. Die Ergebnisse sind reproduzierbar, da auf real vorliegende Daten zurückgegriffen wird.

Für das Anforderungskriterium "Praktikabilität" gelten dieselben Argumente wie für die prudentative Unfallanalyse.

Da im Rahmen der Methode nur Unfälle zur Auswertung kommen
sollen, die während Instandhaltungsarbeiten stattfanden, ist
die Eignung für die Instandhaltung gegeben. Die Unfälle ereignen sich bei allen Instandhaltungsaufgaben, die Gefährdungen
in sich bergen, unabhängig davon, wie viele weitere Aufgaben
im Rahmen der Instandhaltung (bei denen keine zu Unfällen
führenden Gefährdungen existieren) zu erfüllen sind und unabhängig davon, wie vielschichtig die auszuführenden Aufgaben
sind. Dem Unterkriterium "Komplexität der Instandhaltungsaufgabe" wird daher Rechnung getragen. Synonym gilt diese Argu-
mentation auch für das Unterkriterium "Komplexität der Instandhaltungsobjekte". Im Rahmen der kasuistischen Unfallanalyse werden auch Gefährdungen berücksichtigt, die aufgrund von
verhaltensspezifischen Einflüssen zu Unfällen führten.

Die kasuistische Unfallanalyse ist zur Klärung versicherungs-
rechtlicher sowie straf-, zivil- und arbeitsrechtlicher Fragen
notwendig. Zugleich stellen sie die Ausgangsdaten zur Anwendung
der multiplen Unfallanalysen bereit. Die Methode kann insbesondere in kleinen Betrieben mit niedrigen absoluten Unfallzahlen
eingesetzt werden.

6.2.3 Multiple Unfallanalysen

Wichtige Methoden bei der Ermittlung von Gefährdungen sind die multiplen Unfallanalysen[1]. Die multiplen Unfallanalysen gehen in Abweichung zu der im vorigen Kapitel beschriebenen Methode von einer Vielzahl von Unfällen aus. Mit Hilfe der Statistik werden die Daten von Unfällen für einen definierten, größeren Betriebsbereich und für einen längeren Zeitraum erhoben und gemeinsam ausgewertet.

Bei den vier in Abbildung 3-1 genannten multiplen Methoden stimmen die Erfüllungsgrade von drei Anforderungskriterien überein. Diese gemeinsamen Anforderungskriterien werden im weiteren vorgestellt:

Da im Rahmen aller vier Methoden nur Unfälle zur Auswertung kommen sollen, die während Instandhaltungsarbeiten stattfanden, ist die Eignung für die Instandhaltung gegeben. Die Argumente, die in Kapitel 6.2.2 für die Eignung sprechen, gelten auch für die multiplen Unfallanalysen.

Den vier multiplen Unfallanalysen ist weiterhin gemeinsam, daß sie alle das Anforderungskriterium "Reproduzierbarkeit" erfüllen, da sie real vorliegende Daten übernehmen.

Das Anforderungskriterium "Effizienz" wird ebenfalls von den vier Methoden erfüllt: Erstens wird auf bereits existierende Daten zurückgegriffen; zweitens können bei allen vier Methoden - jedoch auf unterschiedliche Art und Weise - Unfallschwerpunkte gebildet werden; und drittens werden nur jene Gefährdungen ermittelt, die zu Unfällen führen, da die Methoden auf der Auswertung von Unfällen basieren.

---

1) Bereits GNIZA (1958, S. 70) verwendete den Begriff "multiple Unfallanalysen" bzw. "multiple Klassifikationen"; die Bezeichnung "indirekte, statistische Gefährdungsermittlung" wird in der Literatur ebenfalls genannt (vgl. SCHNEIDER 1984, S. 29).

Im weiteren werden die vier oben genannten multiplen Unfallanalysen vorgestellt; hierbei wird auf die Merkmale eingegangen, die nicht für alle multiplen Unfallanalysen gleich sind.

6.2.3.1 Eindimensionale Unfallanalyse

Die gemeinsame Untersuchung einer größeren Zahl von Unfällen
unter Zuhilfenahme eines Merkmals, das den Unfall beschreibt
(z.B. Alter des Unfallopfers, Nationalität des Unfallopfers,
Unfallgegenstand) heißt eindimensionale Unfallanalyse[1]; die
zu analysierenden Unfälle werden den definierten Ausprägungen
eines Merkmals zugeordnet (siehe Abbildung 6-9). Treten bei
einer oder mehreren Merkmalsausprägungen Konzentrationen von
Unfällen auf, so schließt sich eine auf die Ursachen ausgerich-

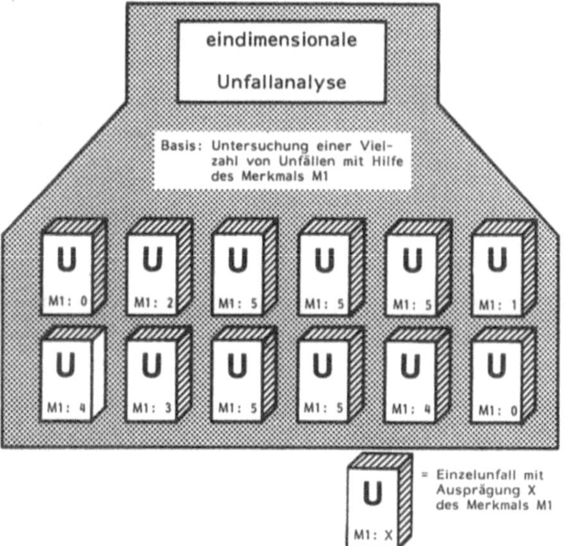

Abb. 6-9:   Modell der eindimensionalen Unfallanalyse

---

1) Die "eindimensionale Unfallanalyse" wird von SKIBA (1971,
   S. 37) und SCHNEIDER (1961, S. 365) "eindimensionale Ermittlung" bzw. "eindimensionale Gliederung von Unfallmerk-
   malen" genannt.

tete Untersuchung an; diese Konzentrationen heißen Unfallschwerpunkte. Mögliche Merkmale werden von der KOMMISSION DER
EUROPÄISCHEN GEMEINSCHAFTEN (1982, S. 21ff) beschrieben. Die
Methode wird in einigen Unternehmen eingesetzt, da sie mit
geringem Aufwand durchzuführen ist.

Beeinträchtigend auf die Wirksamkeit dieser Methode wirkt sich
die Tatsache aus, daß Zusammenhänge zwischen Unfallschwerpunkten nicht ermittelt werden können. Die Aussagefähigkeit der
Ergebnisse ist eingeschränkt. Führt z.B. eine eindimensionale
Analyse zu dem Ergebnis, daß junge Arbeitnehmer besonders
häufig verunglücken, so kann das betreffende Unternehmen zwar
die Problemgruppe "junge Arbeitnehmer" besser sicherheitstech-
nisch schulen, die eigentlichen Unfallursachen, die für alle
Arbeitnehmer gelten, sind mit der Analyse kaum zu erfassen.

Das Anforderungskriterium "Praktikabilität" wird von der eindimensionalen Unfallanalyse hingegen erfüllt: Die Methode besitzt
eine einfache Struktur (es muß immer nur nach einem Merkmal
ausgezählt werden, d.h. die mathematischen Voraussetzungen
sind gering), die Anwendung der Methode bleibt übersichtlich
und kann ohne Hilfsmittel erfolgen.

Der Einsatz der Methode bietet sich an, wenn ein Überblick über
das Unfallgeschehen eines abgegrenzten Bereiches gegeben werden
soll. Darüber hinaus kann sie zur Ermittlung von Problemgruppen
bzw. -bereichen dienen (z.B. hohe Unfallhäufigkeit bei jungen
Arbeitnehmern oder Ausländern). Für die Beseitigung dieser
Gefährdungen können problemgruppen- bzw. bereichsbezogene Sicherheitsmaßnahmen eingesetzt werden (z.B. spezielle Schulung
der jungen Arbeitnehmer oder Ausländer). Zu diesem Zweck wird
diese Methode auch in Kapitel 8 eingesetzt.

Eine Modifikation der eindimensionalen Unfallanalyse ist die
Ermittlung von Unfallschwerpunkten mit Hilfe eindimensionaler
Merkmalskombinationen (vgl. SKIBA/STENGER 1981, S. 24; SKIBA/
KRÖGER 1979, S. 114). Die Basis der Methode bildet die sichpro-

benartige Durchsicht von Unfallmeldungen, die das zu untersu-
chende Unfallgeschehen repräsentieren. Darauf aufbauend werden
Unfälle bestimmt, die dem Beurteiler als charakteristisch
aufgefallen sind. Sämtliche zu analysierenden Unfälle werden
danach bezüglich dieser charakteristischen Unfälle ausgezählt.

6.2.3.2 Orientiert mehrdimensionale Unfallanalyse

Die orientiert mehrdimensionale Unfallanalyse stellt eine
weitere multiple Unfallanalyse dar. Wie bei allen mehrdimensionalen Unfallanalysen[1] werden auch im Rahmen der orientiert
mehrdimensionalen Unfallanalyse[2] mehrere Merkmale zur Untersuchung des Unfallgeschehens eingesetzt. Bei dieser Variante
der mehrdimensionalen Unfallanalyse dominiert eines der verwendeten Merkmale; die Analyse orientiert sich an diesem Merkmal (siehe Abbildung 6-10), das allgemein "Leitmerkmal" genannt
wird (vgl. MEUDT/REFFLINGHAUS 1979, S. 171ff; HARTUNG 1987a,
S. 142). Im ersten Arbeitsschritt werden sämtliche Unfälle
nach den Ausprägungen des Leitmerkmals eingeteilt (z.B. Alter
des Unfallopfers); die Vorgehensweise unterscheidet sich bis
hierhin nicht von der eindimensionalen Unfallanalyse. In der
Regel treten einzelne Merkmalsausprägungen mit hohen Unfallzahlen deutlich hervor. Die Unfälle, die diese Merkmalsausprägungen aufweisen, werden in einem zweiten Arbeitsschritt
mit Hilfe zusätzlicher Merkmale weiter analysiert. Folgerungen
aus dem ersten Arbeitsschritt einer Unfallanalyse, daß beispielsweise die 20- bis 24-jährigen besonders häufig verunglücken, bestimmen den Weg des zweiten Arbeitsschrittes. Im
weiteren werden nur noch die Unfälle untersucht, die die Merk-

---

1) Die "mehrdimensionalen Unfallanalysen" werden auch "mehrdimensionale Zusammenschau" und "mehrdimensionale Ermittlung"
genannt (vgl. SCHNEIDER 1966, S. 260; SKIBA 1971, S. 48).

2) Die "orientiert mehrdimensionale Unfallanalyse" ist in der
Literatur je nach Leitmerkmal (s.u.) unter der Bezeichnung
"arbeitsablauforientierte, indirekte Methode", "Querschnitt-
analyse" und "Längsschnittanalyse" bekannt (vgl. SCHNEIDER,
1977, S. 21/9ff; MEISENBACH 1977, S. 22/6).

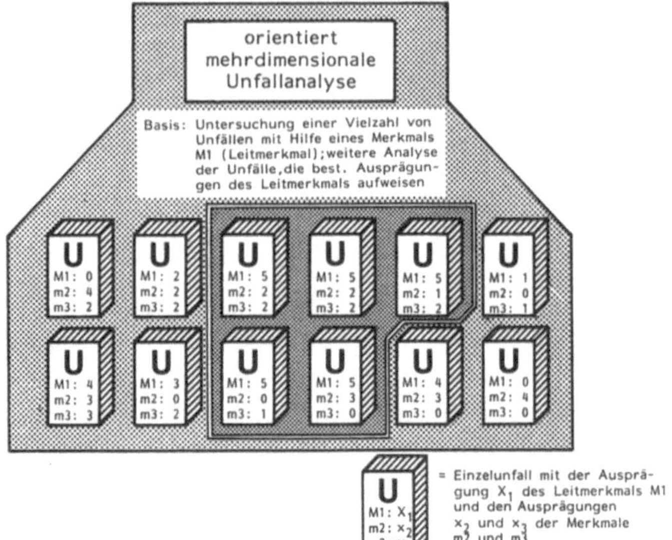

Abb. 6-10: Modell der orientiert mehrdimensionalen Unfallanalyse

malsausprägung "20 bis 24 Jahre" des Merkmals "Alter" aufweisen.

Die Methode erfüllt neben den bereits diskutierten Anforderungskriterien (siehe Kapitel 6.2.3) auch das Anforderungskriterium "Praktikabilität", da sie ohne umfangreiche mathematische Vorkenntnisse nachvollzogen werden kann. Zusätzlich bleibt
ihre Anwendung übersichtlich, und es müssen keine Hilfsmittel
verwendet werden, die in den Arbeitssicherheitsabteilungen
nicht zur Verfügung stehen.

Da die weiteren Ausführungen eine Grundlage für das Kapitel 7,
für die Entwicklung einer Methode zur Ermittlung von Gefährdungen bei Instandhaltungsarbeiten bilden, erfolgt im weiteren
eine ausführlichere Diskussion des Merkmals "Aussagefähigkeit".
Die Aussagefähigkeit der Methode ist nicht in vollem Umfang
gegeben, da nicht sämtliche Gefährdungsschwerpunkte erkannt

werden. Dies ist der Fall, wenn die Unfälle eines existierenden Schwerpunktes nicht ausnahmslos eine oder wenige Ausprägungen des Leitmerkmals aufweisen, sondern z.B. gleichverteilt die Ausprägungen des Leitmerkmals besitzen. SKIBA (1985, S. 68) berichtet von einer Anwendung der orientiert mehrdimensionalen Unfallanalyse mit dem Leitmerkmal "Arbeitsablauf" (Bauphase) in der Bauindustrie bei der eine wichtige[1] Konzentration gleichartiger Unfälle (Treten in Nägel) nicht erkannt wurde.

Zu dem Ergebnis einer eingeschränkten Aussagefähigkeit gelangen auch BORGES/HARTUNG (1987, S. 28f) bei der Untersuchung von Unfällen an Stranggußanlagen. Obwohl die in der Eisen- und Stahlindustrie erprobte und bewährte orientiert mehrdimensionale Unfallanalyse mit dem Leitmerkmal "Unfallort" verwendet wurde, konnte nur ein Teil der existierenden Unfallschwerpunkte erkannt werden. Die Unfallschwerpunkte "Vom Anschlaggeschirr getroffen werden" und "Stolpern über/Ausrutschen auf Maschinen und Betriebsanlagen" waren mit dieser Untersuchung nicht ermittelbar; zur Ermittlung dieser Schwerpunkte waren weiterführende Untersuchungen notwendig.

Bei Einsatz der orientiert mehrdimensionalen Methode hat die Wahl des Leitmerkmals einen Einfluß auf die Aussagefähigkeit der Untersuchungsergebnisse. Die Auswahl erfordert ein großes Maß an Erfahrung. In der Literatur sind viele Untersuchungen mit der orientiert mehrdimensionalen Unfallanalyse unter Verwendung verschiedener Leitmerkmale bekannt. Im folgenden werden die am meisten verwendeten Leitmerkmale genannt:

- Unfallgegenstand[2] (z.B. PETERREINS 1974, S. 4ff; NEUBERT 1971, S. 31ff; MEUDT/REFFLINGHAUS 1979, S. 172f),

---

1) Z.T. über 10% aller Unfälle (vgl. SKIBA 1985, S. 68).

2) Unter "Unfallgegenstand" wird - wie vom HAUPTVERBAND DER GEWERBLICHEN BERUFSGENOSSENSCHAFTEN (ABT 1975, S. 38) und den oben genannten Autoren - in dieser Arbeit der "unfallverursachende Gegenstand" verstanden (vgl. Kapitel 2).

- <u>Tätigkeit zum Zeitpunkt des Unfalls</u> (z.B. BONEFELD u.a.
  1979, S. 14ff; SCHNADT u.a. 1973, S. 36ff) und

- <u>Unfallort/Arbeitsablauf</u> (z.B. SCHNEIDER 1984, S. 27ff;
  MEISENBACH 1969, S. 72).

Für die Instandhaltung leiten BORGES/HARTUNG (1985, S. 23) die
folgenden Merkmale als mögliche Leitmerkmale her:

- Unfallgegenstand,
- Tätigkeit zum Zeitpunkt des Unfalls und
- Unfallvorgang[1].

6.2.3.3 <u>Komplex mehrdimensionale Unfallanalyse</u>

Eine weitere Unfallanalyse ist die komplex mehrdimensionale
Unfallanalyse[2]. Die komplex mehrdimensionale Unfallanalyse
verzichtet im Gegensatz zur orientiert mehrdimensionalen Unfallanalyse auf den Einsatz eines Leitmerkmals (siehe Abbildung
6-11). Die zu analysierenden Unfälle werden gleichzeitig den
Ausprägungen mehrerer Merkmale zugeordnet. Erfolgt z.B. eine
Zuordnung unter Zuhilfenahme von drei Merkmalen, so kennzeichnet jeweils ein Tripel von Merkmalsausprägungen den Unfall.
Treten bei den zu analysierenden Unfällen Konzentrationen von
Unfällen mit gleichen oder ähnlichen Tripeln von Merkmalsausprägungen auf, so werden diese Unfallschwerpunkte als Unfalltypen bezeichnet.

---

1) Das Merkmal "Unfallort" wird nicht angeführt, da es sich im
   Rahmen der Arbeit von BORGES/HARTUNG (1985, S. 50f) als
   unzureichendes Leitmerkmal herausgestellt hat.

2) Die "komplex mehrdimensionale Unfallanalyse" wird auch
   "simultan multiple Klassifikation", "drei- bzw. mehrdimensionale Netzstatistik" und "mehrdimensionale Merkmalskombi-
   nation" genannt (vgl. GNIZA 1958, S. 93; SKIBA/KRÖGER 1978,
   S. 718; SKIBA 1985, S. 69).

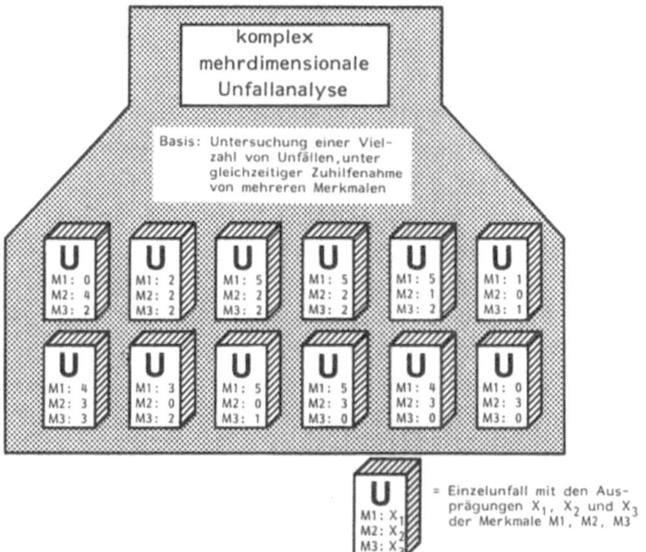

Abb. 6-11: Modell der komplex mehrdimensionalen Unfallanalyse

Zusätzlich zu den drei Anforderungskriterien "Eignung für die
Instandhaltung", "Reproduzierbarkeit" und "Effizienz" (s.o.)
wird von der komplex mehrdimensionalen Unfallanalyse auch das
Anforderungskriterium "Aussagefähigkeit" erfüllt. Mit Hilfe
der Methode ist es möglich, Unfallschwerpunkte und ihre Inter-
dependenzen (Unfallschwerpunkte mit ähnlichen Merkmalsausprägungen) zu ermitteln.

Darüber hinaus wird von der komplex mehrdimensionalen Unfallanalyse auch das Anforderungskriterium "Praktikabilität" erfüllt (vgl. die Argumente in Kapitel 6.2.3.2).

Bisher existiert diese Methode jedoch nur als Methodenansatz;
d.h. ihre Einsetzbarkeit wurde noch nicht systematisch nachgewiesen. Es sind noch keine umfangreichen Analysen zur Erhöhung der Arbeitssicherheit (vgl. Kapitel 4.1) mit der komplex
mehrdimensionalen Unfallanalyse bekannt. ABT (1982, S. 65ff)
gibt u.a. mit Hilfe dieser Methode einen Überblick über melde-

pflichtige, erstmals entschädigte und tödliche Unfälle des Jahres 1980 für die Bundesrepublik Deutschland. Er weist - aufgrund seiner Zielsetzung - weder die Methode noch das reibungsfreie Zusammenwirken der Arbeitsschritte zur Erhöhung der Arbeitssicherheit in Verbindung mit der komplex mehrdimensionalen Unfallanalyse nach. ABT (1982, S. 65ff) kombiniert in seiner Arbeit z.B. die Merkmale "Alter" und "Geschlecht" oder die Merkmale "verletzter Körperteil" und "Art der Verletzung" oder die Merkmale "Tätigkeit des Verletzten", "Bewegung des Verletzten" und "Bewegung des Gegenstandes". JANSEN/GWIESSNER (1972, S. 20ff) und BONEFELD/MACHELEIDT (1979, S. 170ff) versuchen zwar die komplex mehrdimensionale Unfallanalyse im Rahmen einer Untersuchung zur Erhöhung der Arbeitssicherheit einzusetzen, sie gelangen aber zu keinen statistisch abgesicherten Ergebnissen, da nur wenige Unfälle (weniger als 180) in die Analyse einbezogen wurden. Die Autoren verzichten auf einen Nachweis der Einsetzbarkeit; es erfolgt keine Quantifizierung der verwendeten Merkmale. BORGES/HARTUNG (1987, S. 26) erwähnen zwar, daß die komplex mehrdimensionale Unfallanalyse geeignet ist, Gefährdungen und Gefährdungsschwerpunkte zu ermitteln, sie verwenden jedoch die orientiert mehrdimensionale Unfallanalyse, da bisher kein wissenschaftlich fundierter Nachweis der Einsetzbarkeit geführt wurde (nach BORGES/HARTUNG 1987, S. 26).

6.2.3.4 Multivariate Unfallanalysen

Als letzte Art der multiplen Unfallanalysen werden die multivariaten Unfallanalysen[1] vorgestellt. Allen multivariaten Unfallanalysen ist gemeinsam, daß sie zur Ermittlung der Gefährdungen multivariate statistische Analysemethoden einsetzen. Zur Zeit finden im Rahmen der Unfallanalyse Anwendung:

---

1) Die Bezeichnung "multivariate Unfallanalysen" stammt vom eingesetzten statistischen Hilfsmittel, den "multivariaten statistischen Analysemethoden".

- verschiedene Arten der Clusteranalyse,
- das logit-Modell und
- die log-lineare Analyse.

Die "Clusteranalyse wird verstanden als ein zusammenfassender Terminus für eine Reihe unterschiedlicher mathematisch-statistischer und heuristischer Verfahren, deren Ziel darin besteht, eine meist umfangreiche Menge von Elementen durch Konstruktion homogener Klassen, Gruppen oder Cluster optimal zu strukturieren" (STEINHAUSEN/LANGER 1977, S. 14). Die Clusteranalyse wird in den wissenschaftlichen Arbeiten von VOGEL (1975, S. 251ff) und WEISS (1987, S. 48ff) als mögliche Methode zur Ermittlung von Gefährdungen und ihrer Schwerpunkte nachgewiesen. KEMÉNY (1979, S. 201ff) verwendet diese Methode zur Analyse von Schülerunfällen.

Da die Clusteranalyse in Kapitel 6 als eine mögliche Methode zur Ermittlung von Gefährdungen abgeleitet worden ist, soll auf diese im weiteren etwas ausführlicher eingegangen werden. Im Mittelpunkt der Betrachtung steht der Ablauf der Clusteranalyse; er ist in der Form beschrieben, daß er auch von einem Praktiker in einer Sicherheitsabteilung eingesetzt werden kann, der vor der Anwendung der Clusteranalyse nicht die gesamte Theorie der Methode erarbeiten will.

Beim Ablauf sind zwei Arten von Arbeitsschritten zu unterscheiden (siehe Abbildung 6-12): Die erste Art sind Arbeitsschritte, die vor einer erstmaligen Anwendung der Clusteranalyse durchgeführt werden müssen (in der Abbildung nicht durch eine Doppelumrahmung hervorgehoben). Bei dieser Art der Arbeitsschritte ist es nach einer erstmaligen (exemplarischen) Anwendung möglich, Festlegungen für weitere Anwendungen vorzunehmen; ggf. können diese Festlegungen - unter Beachtung bestimmter Randbedingungen - in ein EDV-Clusterprogramm als Vorgaben integriert werden. Es erscheint sinnvoll, diese Festlegungen im Rahmen einer eigenständigen Arbeit zu erarbeiten und in geeigneter Art und Weise zu veröffentlichen; hierdurch könnte die Akzep-

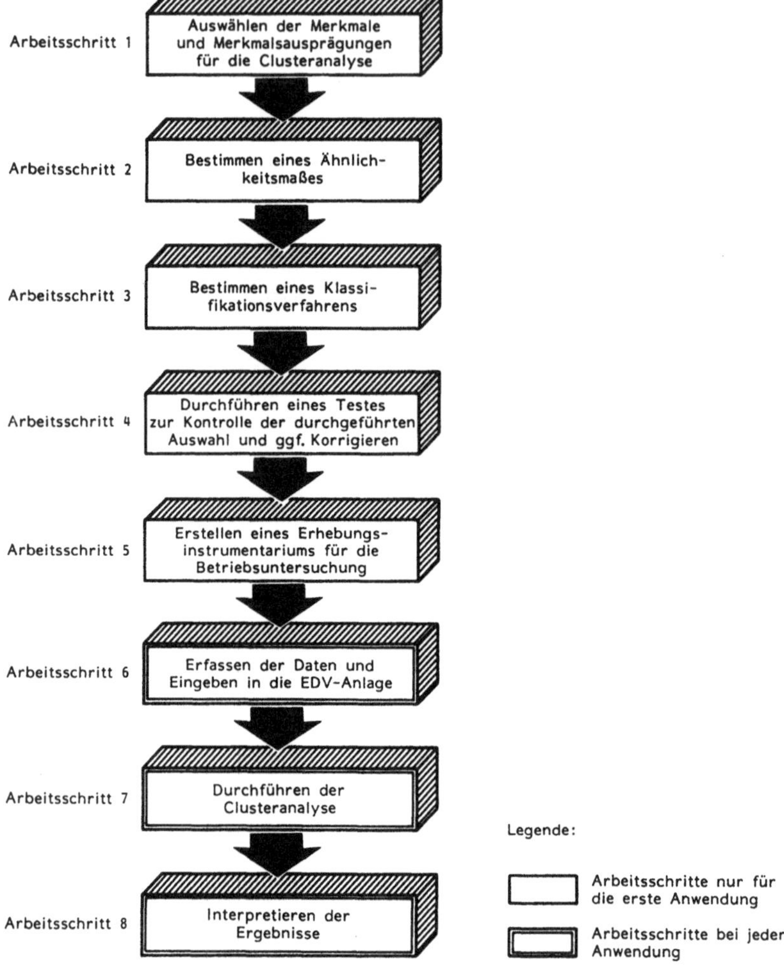

Abb. 6-12: Ablauf der Clusteranalyse

tanz der Clusteranalyse in der Sicherheitswissenschaft wahrscheinlich gesteigert werden.

Die zweite Art von Arbeitsschritten sind Schritte, die bei jeder (wiederholten) Anwendung der Clusteranalyse durchgeführt

werden müssen (in der Abbildung durch eine Doppelumrahmung
gekennzeichnet). Nach einer Festlegung der ersten Art von Arbeitsschritten brauchen nur noch diese Schritte vom Anwender
ausgeführt werden.

Im 1. Arbeitsschritt sind die Merkmale und Merkmalsausprägungen
auszuwählen, die im Rahmen der Clusteranalyse verwendet werden
sollen. Die einzelnen Merkmale müssen nicht nur sachlogisch
relevant (vgl. VOGEL 1975, S. 51), sondern weitgehend unabhängig voneinander sein. Eine fehlende Relevanz oder eine starke
Abhängigkeit können das Klassifikationsergebnis verfälschen.

Das Ziel der Clusteranalyse in der Sicherheitswissenschaft
besteht - wie bereits ausgeführt - darin, eine umfangreiche
Anzahl von Unfällen in möglichst homogene Klassen einzuteilen.
Um diese homogenen Gruppen bilden zu können, ist es notwendig,
ein Maß für die Ähnlichkeit bzw. Unähnlichkeit von zwei Unfällen zu besitzen. Da eine große Anzahl von Ähnlichkeitsmaßen
existiert, die alle Vor- und Nachteile besitzen, muß im 2. Arbeitsschritt eines der Ähnlichkeitsmaße für den speziellen
Anwendungsfall ermittelt werden.

Die Klassifikation der Unfälle kann mit sehr verschiedenen
Algorithmen, d.h. mit sehr verschiedenen Klassifikationsverfahren durchgeführt werden. Jedes der Klassifikationsverfahren
bietet spezielle Vor- und Nachteile. In Abhängigkeit vom vorliegenden Anwendungsfall ist im 3. Arbeitsschritt eines der
Klassifikationsverfahren auszuwählen.

Die Erfüllung der im 1. Arbeitsschritt genannten Anforderungen,
die Bestimmung des Ähnlichkeitsmaßes sowie die Wahl des Klassifikationsverfahrens müssen nach der Erhebung repräsentativer
Testdaten durch einen exemplarischen Einsatz der Clusteranalyse
im 4. Arbeitsschritt überprüft werden. Die Analyse der Klassifikationsergebnisse ergibt ggf. die Wiederholung eines oder
mehrerer der ersten drei Arbeitsschritte.

Weitere Informationen zu diesen vier Arbeitsschritten entnehme
man BAMBERG/BAUR (1985), ECKES/ROSSBACH (1980), GÜTTLER (1978),
KEMMÉNY (1979), SACHS (1984), SODEUR (1974), SPÄTH 81975),
VOGEL (1975), WEISS (1987) oder Kapitel 7.2.2 dieser Arbeit.

Für die weiteren Arbeitsschritte (Schritt 6 bis 8) sollte im
5. Arbeitsschritt ein praxisgerechtes Erhebungsinstrumentarium
(Fragebogen) aufgebaut werden. Die Gestaltung des Erhebungsinstrumentariums könnte sich am Unfallmeldebogen der Berufsgenossenschaften orientieren. Unter Zuhilfenahme des erstellten
Erhebungsinstrumentariums sind die zu untersuchenden Unfälle
zu erfassen und in die EDV-Anlage einzugeben.

Nach der Durchführung der Clusteranalyse sind die Ergebnisse
der Klassifikation zu interpretieren. WEISS (1987, S. 69ff)
gibt ausführliche Hinweise zur Interpretation von Klassifika-
tionsergebnissen.

Die Einsatzmöglichkeit des logit-Modells, das den Einfluß und
die Wechselwirkungen von unabhängigen Merkmalen auf die (abhängige) Zielgröße "Unfallschwere" untersucht, wird von HAMMER
u.a. (1986a, S. 7ff) beschrieben.

Die log-lineare Analyse stellt die Wirkung der verschiedenen
Merkmale und ihrer Kombinationen auf Unfälle fest und testet
sie auf Signifikanz ohne eine (abhängige) Zielgröße zu verwenden. HAMMER u.a. (1986b, S. 7ff) setzen dieses statistische
Verfahren als erstes in der Unfallforschung ein.

Den beiden letztgenannten Verfahren ist gemeinsam, daß ihre
Anwendung in der Sicherheitswissenschaft noch nicht wissenschaftlich nachgewiesen worden ist.

Bei allen multivariaten Unfallanalysen wird das Anforderungskriterium <u>Aussagefähigkeit</u> erfüllt; Unfallschwerpunkte und
ihre Zusammenhänge können ermittelt werden.

Die Praktikabilität ist jedoch nur zum Teil gegeben. Die Nachvollziehbarkeit und Transparenz sind erfüllt, die Durchführung
der Methode ist jedoch z.T. nur mit Rechnern möglich, die über
einen großen Datenspeicher verfügen, insbesondere wenn größere
Datenmengen (z.B. Daten von mehr als 500 Unfällen) aufbereitet
werden müssen. Rechner dieser Größe stehen jedoch in den wenig-
sten Arbeitssicherheitsabteilungen zur Verfügung.

7 Entwicklung einer Methode zur Ermittlung von Gefährdungen bei Instandhaltungsarbeiten

Die als geeignet ermittelte Methode der komplex mehrdimensionalen Unfallanalyse existiert - wie Kapitel 6.2.3.3 zu entnehmen ist - nur als Modellansatz. Ihre Einsetzbarkeit wurde bisher weder für die Fertigung noch für die Instandhaltung noch für andere Produktionsbereiche systematisch nachgewiesen. Darüber hinaus fehlen wichtige Komponenten - insbesondere die notwendigen Merkmale - die zur Durchführung der Methode zwingend erforderlich sind. Aus diesem Grund erfolgt in diesem Kapitel auf der Grundlage der Diskussionen in Kapitel 6 die vollständige Ableitung der Methode zur Ermittlung von Gefährdungen bei Instandhaltungsarbeiten. Die Auswahl der für den Modellansatz notwendigen Merkmale wird vorgenommen. Hieran schließt sich der Nachweis über die Brauchbarkeit der Ergebnisse, die mit der komplex mehrdimensionalen Unfallanalyse zu erreichen sind, an; der Nachweis erfolgt durch einen Vergleich dieser Ergebnisse mit den Ergebnissen, die mit Hilfe einer Clusteranalyse ermittelt werden können.

7.1 Ableitung einer Methode zur Ermittlung von Gefährdungen bei Instandhaltungsarbeiten

In Kapitel 6 wurde der Modellansatz der komplex mehrdimensionalen Unfallanalyse vorgestellt. Im weiteren erfolgt die vollständige Ableitung der Methode. Der Ablauf der Methode wird so ausführlich dargestellt, daß sie auch von einem Praktiker in einer Sicherheitsabteilung eingesetzt werden kann.

Beim Ablauf der komplex mehrdimensionalen Unfallanalyse lassen sich - wie bei der Clusteranalyse (siehe Kapitel 6.2.3.4) - zwei Arten von Arbeitsschritten unterscheiden (siehe Abbildung 7-1): Die erste Art sind Arbeitsschritte, die vor einer erstmaligen Anwendung der Methode im Bereich Instandhaltung durchgeführt werden müssen (in der Abbildung nicht durch eine Dop-

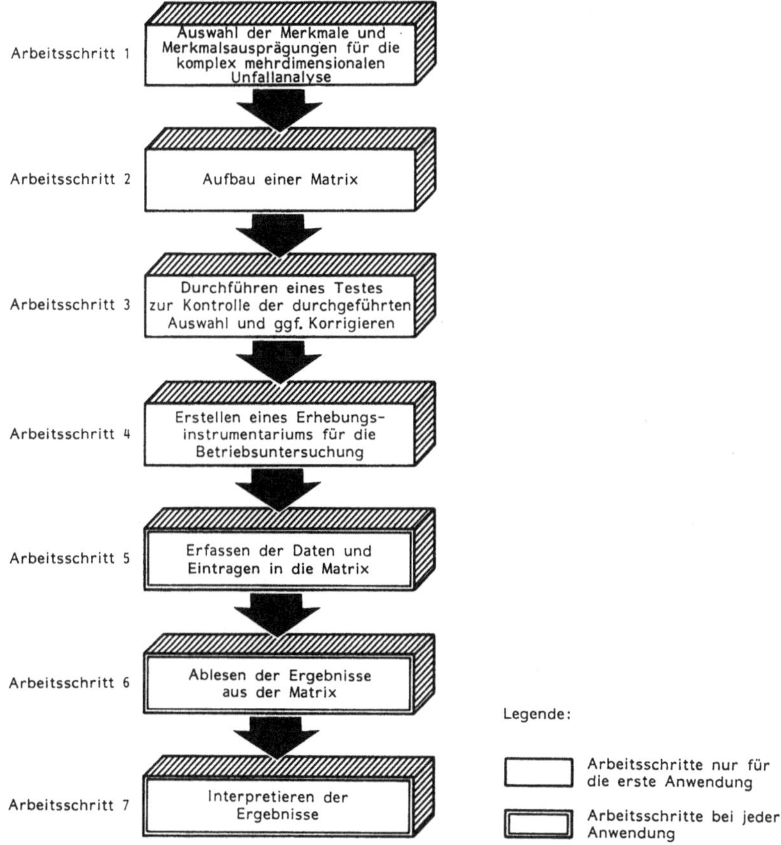

Abb. 7-1:   Ablauf der komplex mehrdimensionalen Unfallanalyse

pelumrahmung hervorgehoben). Bei dieser Art der Arbeitsschrit- te ist es nach einer erstmaligen (exemplarischen) Anwendung möglich, Festlegungen für weitere Anwendungen vorzunehmen.

Die zweite Art von Arbeitsschritten sind Schritte, die bei jeder Anwendung der komplex mehrdimensionalen Unfallanalyse durchgeführt werden müssen (in der Abbildung durch eine Doppel- umrahmung gekennzeichnet).

Damit nicht jeder Anwender der Methode die erste Art der Arbeitsschritte, deren Durchführung zum Teil mit einem hohen Aufwand verbunden ist, ausführen muß, werden im Rahmen dieser Arbeit - wie bereits erwähnt -, die für den Einsatz notwendigen Vorraussetzungen geschaffen.

Den ersten Schritt der komplex mehrdimensionalen Unfallanalyse bildet die Auswahl der für die Anwendung der Methode notwendigen Merkmale und Merkmalsausprägungen. Von dieser Wahl hängt die Güte der Ergebnisse der komplex mehrdimensionalen Unfallanalyse entscheidend ab.

Für den 2. Arbeitsschritt kann folgendes festgehalten werden: Im Rahmen der Analyse sind - wie in Kapitel 6.2.3.3 beschrieben - die zu analysierenden Unfälle gleichzeitig den Ausprägungen mehrerer Merkmale zuzuordnen. Treten bei Merkmalskombinationen Konzentrationen von Unfällen auf, so bezeichnet man diese Unfallschwerpunkte als Unfalltypen (vgl. Kapitel 2). Ein Beispiel soll dies noch einmal verdeutlichen: Lassen sich Unfälle hinreichend durch die Merkmale A, B, C beschrieben und weisen die Merkmale die Ausprägungen A_k mit k = 1 ... 5, B_1 mit l = 1 ... 5 und C_m mit m = 1 ... 5 auf, so kann die in Abbildung 7-2 dargestellte Matrix aufgestellt werden. In diese

komplex mehrdimensionale Unfallanalyse	Merkmal B									
	Ausprägung B_1 — Merkmal A					Ausprägung B_2 — Merkmal A				
	A_1	A_2	A_3	A_4	A_5	A_1	A_2	A_3	A_4	A_5
Merkmal C — C_1						1				
C_2		75							56	
C_3			1			78				
C_4				3						2
C_5			3					1		

$\sum$ = 490 Unfälle

Abb. 7-2: Matrix zur Ermittlung der Gefährdungen mit Hilfe der komplex mehrdimensionalen Unfallanalyse

Matrix sind die Anzahl der zu analysierenden Unfälle[1] entsprechend ihren Merkmalsausprägungen einzutragen. In dem gewählten Beispiel sind drei Unfalltypen zu erkennen (Unfälle mit den Merkmalsausprägungen A_2, B_1, C_2 und A_1, B_2, C_3 sowie A_4, B_2, C_2), wenn Konzentrationen von über 0,8% der insgesamt untersuchten Unfälle als Unfalltypen definiert werden[2]. Darüber hinaus sind nur noch wenige Unfälle mit anderen Merkmalskombinationen vorhanden[3]. Im 2. Arbeitsschritt der komplex mehrdimensionalen Unfallanalyse ist eine entsprechende Matrix mit den im 1. Arbeitsschritt abgeleiteten Merkmalen und Merkmalsausprägungen aufzustellen.

Die Wahl der Merkmale und ihrer Ausprägungen ist nach der Erhebung repräsentativer Testdaten durch einen exemplarischen Einsatz der komplex mehrdimensionalen Methode zu überprüfen. Die Analyse der Ergebnisse des exemplarischen Einsatzes ergibt ggf. eine Revidierung der Wahl der Merkmale und Merkmalsausprägungen.

Für die anschließenden Arbeitsschritte (Schritt 5 bis 7) sollte im 4. Arbeitsschritt ein praxisgerechtes Erhebungsinstrumentarium (Fragebogen) aufgebaut werden. Die Gestaltung des Erhebungsinstrumentariums könnte sich am Unfallmeldebogen der Berufsgenossenschaft orientieren.

---

1) Statt der Anzahl der Unfälle können auch die Ausfallzeiten, die durch die Unfälle verursacht wurden, eingetragen werden. Ob beide Vorgehensweisen (Anzahl und Ausfallzeiten) zu denselben Ergebnissen führen, wird in Kapitel 7.2.2.3 geklärt.

2) Konzentrationen von Unfällen, die gleiche Merkmalsausprägungen besitzen, heißen Unfalltypen, wenn eine bestimmte Anzahl von Unfällen überstiegen wird (siehe Definition "Unfalltyp" in Kapitel 2). Zur Bestimmung dieser Anzahl können Arbeiten von ABT (z.B. 1979, S. 57 oder 1982, S. 83) herangezogen werden; er schlüsselt die von ihm bestimmten Unfalltypen bis zu einer Konzentration von 0,7% bis 1,0% aller meldepflichtigen Unfälle auf. In Anlehnung an ABT werden für diese Arbeit Konzentrationen von über 0,8% der insgesamt untersuchten Unfälle als Unfalltypen definiert.

3) Wie Abbildung 8-2 zu entnehmen ist, wurde ein praxisnahes Beispiel gewählt.

Unter Zuhilfenahme des Erhebungsinstrumentariums sind die zu untersuchenden Unfälle zu erfassen und entsprechend ihren Merkmalsausprägungen in die in Arbeitsschritt 3 aufgestellten Matrix einzutragen. Die aus der Matrix ablesbaren Unfalltypen sind zu interpretieren. Ein Beispiel für die Interpretation von Unfalltypen befindet sich in Kapitel 6.2.3.2 dieser Arbeit.

7.2 Auswahl von Merkmalen zur Ermittlung von Gefährdungen bei Instandhaltungsarbeiten

Die Auswahl von Merkmalen zur Ermittlung von Gefährdungen bei Instandhaltungsarbeiten erfolgt auf der Basis von empirischen Untersuchungen und statistischen Datenauswertungen. Die Auswahl von Merkmalen ist zwingend vorzunehmen, da die Verwendung von nicht relevanten Merkmalen im Rahmen der Durchführung der komplex mehrdimensionalen Unfallanalyse verzerrend auf das Analyseergebnis einwirken würde.

7.2.1 Mögliche Merkmale zur Ermittlung von Gefährdungen bei Instandhaltungsarbeiten

Um den empirischen Untersuchungsaufwand in vertretbaren Grenzen zu halten, werden zunächst in einer Grobauswahl die Merkmale bestimmt, die möglicherweise zur Ermittlung von Unfällen in Frage kommen (im weiteren als mögliche Merkmale bezeichnet). Die Betrachtung der übrigen Merkmale ist für die weitere Auswahl nicht mehr notwendig. In Kapitel 7.2.2 werden im Rahmen einer Feinauswahl die relevanten Merkmale für die Methode ermittelt.

Wie bereits in Kapitel 6.2.3.1 bei der Beschreibung der eindimensionalen Unfallanalyse erwähnt, können in Anlehnung an die KOMMISSION DER EUROPÄISCHEN GEMEINSCHAFTEN (1982, S. 21ff) die folgenden Merkmale zur Ermittlung von Unfällen unterschieden werden. Die Merkmale sind nach den Merkmalsgruppen Unfallum-

stände, Unfallhergang und Unfallfolgen sowie nach den Unter-
gruppen personengebundene, ortsgebundene, tätigkeitsbezogene,
gegenstandsbezogene und vorgangsbezogene Merkmale sowie nach
Verletzungsumfang und Verletzungsschwere zusammengefaßt:

■ Unfallumstände ○ personengebundene Merkmale
- Alter
- Gesundheitszustand
- Position
- Nationalität
- Sprachkenntnisse
- Beziehung zu den Kollegen
- Verhältnis zum Vorgesetzten
- Lohnart
- Risikobereitschaft
- Umgebungseinflüsse

○ ortsgebundene Merkmale
- normaler Arbeitsbereich
- Unfallort

○ zeitgebundene Merkmale
- Unfalldatum
- Wochentag
- Werksalter
- Arbeitsplatzalter
- Arbeitszeitregelung
- Arbeitsschicht beim Unfall
- Zeit seit Arbeitsbeginn
- Anzahl Schichten seit Ruhetag
- Zeit seit Verlassen der Wohnung
- benutzte Verkehrsmittel

■ Unfallhergang ○ tätigkeitsbezogene Merkmale
- Arbeitsaufgabe beim Unfall
- Häufigkeit der Arbeitsaufgabe
- Tätigkeit zum Zeitpunkt des Unfalls

    ○ gegenstandsbezogene Merkmale
      - unfallverursachender Gegenstand (Unfallgegenstand)
      - verletzungsauslösender Gegenstand
      - verwendete Arbeitsstoffe und Betriebsmittel

    ○ vorgangsbezogene Merkmale
      - Unfallvorgang

■ Unfallfolgen   ○ Verletzungsumfang
      - Verletzungsart
      - verletzter Körperteil

    ○ Verletzungsschwere
      - Ausfalltage

Die Grobauswahl der Merkmale erfolgt auf der Basis sachlogischer Überlegungen. Hierbei wird insbesondere den Kriterien

    - Aussagefähigkeit und
    - Erfaßbarkeit

Rechnung getragen.

Diesen Kriterien genügen hinreichend die Merkmale (siehe Abbildung 7-3):

    - Unfallort,

    - Verletzungsart,

    - verletzter Körperteil,

    - Tätigkeit zum Zeitpunkt des Unfalls,

    - Unfallvorgang und

    - Unfallgegenstand.

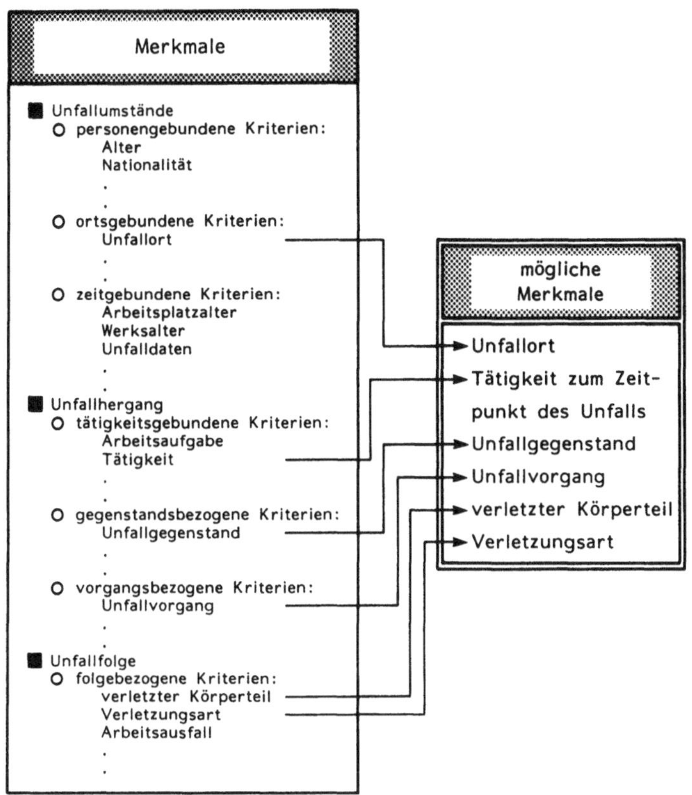

Abb. 7-3: Mögliche Merkmale zur Ermittlung von Unfallschwerpunkten

Die Merkmale werden wie folgt definiert:

Der "Unfallort" bezeichnet die Stelle, an der sich der Unfall
ereignet hat. Der Unfallort kann z.B. mit Hilfe von Koordinaten
eines Lageplans angegeben werden.

Unter "Verletzungsart" wird die Art der Körperverletzung verstanden, die durch den Unfall entstand. Verletzungsarten sind
z.B. "offene Wunde", "Quetschung", "Knochenbruch" oder "Verbrennung".

Der "verletzte Körperteil" beschreibt die Stelle des Körpers, die während des Unfalls verletzt worden ist.

Unter "Tätigkeit zum Zeitpunkt des Unfalls" wird das Handeln im Rahmen der gestellten Arbeitsaufgabe verstanden, das zum Zeitpunkt des Unfalls ausgeführt wurde. Tätigkeiten im Rahmen von Instandhaltungsaufgaben können z.B. "Lastenbewegen von Hand", "Schweißen", "Montieren" oder "Reinigen" sein.

Der "Unfallvorgang" beschreibt die Art des Zusammentreffens von Mensch und Unfallgegenstand (vgl. Kapitel 2). Unfallvorgänge können z.B. "Stürzen", "Getroffenwerden" oder "Aufprall auf einen Gegenstand" sein. Das Merkmal "Unfallvorgang" wird vom HAUPTVERBAND DER GEWERBLICHEN BERUFSGENOSSENSCHAFTEN in "Bewegung des Gegenstandes" und "Bewegung des Verletzten" unterteilt (vgl. ABT 1982, S. 60). Aus praktischen Gründen soll auch in dieser Arbeit (vgl. SKIBA 1985, S. 64) keine Unterteilung des Merkmals "Unfallvorgang" vorgenommen werden.

Der "Unfallgegenstand" ist - wie in Kapitel 2 definiert - der Gegenstand, der am Unfall ursächlich beteiligt war (vgl. Kapitel 2). Fährt zum Beispiel ein Arbeiter mit einem Transportfahrzeug gegen gestapelte Werkstücke und fällt ihm hierbei ein Werkstück auf den Fuß, so ist das Transportfahrzeug der "Unfallgegenstand" (das Werkstück ist der "verletzungsauslösende Gegenstand").

Die Ausprägungen der Merkmale, die möglicherweise im Rahmen der komplex mehrdimensionalen Unfallanalyse in der Instandhaltung eingesetzt werden können, gliedern sich wie in Abbildung 7-4 dargestellt. Die Ausprägungen der Merkmale "Verletzungsart", "verletzter Körperteil", "Unfallvorgang" und "Unfallgegenstand" wurden auf der Basis einer Recherche festgelegt. Die Recherche umfaßt die Analyse einer großen Anzahl von Unfalluntersuchungen, von Schlüsselverzeichnissen für die Durchführung von Unfallanalysen sowie von Unfallmeldungen aus dem Bereich Instandhaltung. Die Ermittlung der Ausprägungen des Merkmals

Merkmale	Merkmalsausprägungen
Tätigkeit zum Zeitpunkt des Unfalls	Lastenbewegen mit Hilfsmitteln Lastenbewegen von Hand Begehen Schweißen/Brennen Montieren/Demontieren Reinigen/Aufräumen sonstige Tätigkeiten
Unfallvorgang	Stürzen Getroffenweden Aufprall auf Gegenstand Sicheinklemmen Überanstrengen Berühren elektrischen Stroms und extremer Temperaturen sonstige Unfallvorgänge
Unfallgegenstand	Maschine/Betriebsanlage Transportmittel/Förderanlage Handwerkzeug Treppe/Leiter/Gerüst gefährlicher Arbeitsstoff Splitter/Spritzer/Funke/Flamme sonstige Unfallgegenstände
Verletzungsart	offene Wunde Quetschung/Prellung Knochenbruch elektrischer Schlag Verbrennung Verätzung sonstige Verletzungsarten
verletzter Körperteil	Kopf Rumpf (äußerlich) Bein Fuß Arm Hand sonstige Körperteile

Abb. 7-4: Ausprägungen der möglichen Merkmale

"Tätigkeit zum Zeitpunkt des Unfalls" erfolgt nach der Beobachtung von Instandhaltungsarbeiten in verschiedenen Branchen und der Auswertung von Unfallmeldungen aus dem Bereich Instandhaltung. Die Ausprägungen des Merkmals "Unfallort" können nach Festlegung des Untersuchungsbereiches definiert werden (siehe Kapitel 7.2.2.1).

Die sechs genannten Merkmale werden von anderen Autoren als wesentliche Merkmale für die Beurteilung von Gefährdungen aufgeführt. SKIBA (1971, S. 70, Abb. 19) nennt dieselben sechs Merkmale[1] zur Charakterisierung von Unfallschwerpunkten. Die Merkmale "Gegenstand", "Tätigkeit" und "Vorgang" führen JANSEN/GWIESSNER (1972, S. 22) bei der Entwicklung einer "optimalen" Unfallstrategie in einem mittelgroßen Betrieb auf. BORGES/HARTUNG (1985, S. 23) leiten die Merkmale "materielle Ursachenfaktoren"[2], "Unfalltyp"[3], "Bereich des Unfalls" und "Tätigkeit zum Zeitpunkt des Unfalls" als unfallbeschreibende Merkmale her. Wie in Kapitel 6.2.3.2 im Rahmen der Diskussion der orientiert mehrdimensionalen Unfallanalyse beschrieben, werden in der Regel die Merkmale "Unfallgegenstand", "Tätigkeit zum Zeitpunkt des Unfalls" und "Unfallort/Arbeitsablauf" als geeignete Leitmerkmale verwendet.

Die Ergebnisdarstellung der durchgeführten Recherche zeigt, daß über die oben abgeleiteten Merkmale hinaus (vgl. Abbildung 7-3, "mögliche Merkmale") keine Merkmale existieren, die in der Literatur als wesentliche Merkmale für die Beurteilung von Gefährdungen aufgeführt werden.

---

1) SKIBA (1971, S. 70) bezeichnet das Merkmal "Unfallvorgang" als "Art des Zusammentreffens".

2) Hierunter wird das Merkmal "Unfallgegenstand" verstanden.

3) Hierunter wird das Merkmal "Unfallvorgang" verstanden.

7.2.2 Bestimmung der Merkmale zur Ermittlung von Gefährdungen bei Instandhaltungsarbeiten

Ziel dieses Kapitels ist es, die relevanten Merkmale zur Ermittlung von Gefährdungen bei Instandhaltungsarbeiten zu bestimmen. Die Bestimmung ist notwendig, um den Einsatz von nicht oder weniger relevanten Merkmalen im Rahmen der komplex mehrdimensionalen Unfallanalyse auszuschließen. Würden mehr als die relevanten Merkmale in die Gefährdungsanalyse einbezogen, so wäre - bei kaum steigender Aussagefähigkeit - die Anwendung der Methode weniger praktikabel und effizient, da mehr Daten erfaßt werden müßten; ggf. wirken die nicht relevanten Merkmale verzerrend auf das Analyseergebnis ein.

Die Vorgehensweise zur Bestimmung der Merkmale geht von folgenden Überlegungen aus:

Mit Hilfe der Clusteranalyse lassen sich Klassen[1] von Unfällen (Unfallschwerpunkte) ermitteln (vgl. WEISS 1987, S. 1). Die Merkmale, die einen besonderen Beitrag zur Bildung der Klassen geleistet haben, können bestimmt werden (z.B. SODEUR 1974, S. 31; STEINHAUSEN/LANGER 1977, S. 135; ECKES/ROSSBACH 1980, S. 32; BACKHAUS u.a. 1986, S. 151). Wenn dabei nachgewiesen werden kann, daß die ermittelten Unfallschwerpunkte durch einige charakteristische Merkmale[2] beschrieben werden können, so sollen diese Merkmale auch im Rahmen der komplex mehrdimensionalen Unfallanalyse zur Ermittlung von Schwerpunkten einsetzbar sein[3].

---

1) "Klassen", die im Rahmen der Clusteranalyse gebildet werden, werden auch als "Cluster" oder "Gruppen" bezeichnet (vgl. z.B. WEISS 1987, S. 51ff).

2) Die charakteristischen Merkmale werden eine Teilmenge der Merkmale sein, die in die Clusteranalyse einbezogen wurden.

3) Diese Annahme soll durch einen Vergleich der mit einer Clusteranalyse ermittelten Unfallklassen und der Unfalltypen, die mit einer komplex mehrdimensionalen Unfallanalyse gebildet worden sind, in Kapitel 7.3 bestätigt werden.

Aufgrund dieser Überlegungen gliedern sich die weiteren Kapitel
in folgende zwei Teile:

1. Bestimmung von Unfallschwerpunkten mit der Clusteranalyse (Kapitel 7.2.2.1 bis 7.2.2.6) sowie
2. Ermittlung der die Unfallschwerpunkte beschreibenden
   Merkmale (Kapitel 7.2.2.7).

Die Clusteranalyse eignet sich besonders zur Bestimmung der
relevanten Merkmale, da sie - wie in Kapitel 6.2.3.4 bereits
beschrieben - im Rahmen von wissenschaftlichen Arbeiten als
geeignete Methode zur Ermittlung von Unfallschwerpunkten nachgewiesen worden ist (vgl. VOGEL 1975, S. 251ff; WEISS 1987,
S. 48ff).

Sie ermöglicht es, die zu analysierenden Elemente - hier Unfälle - so in eine überschaubare Zahl von homogenen Klassen auf-
zuteilen, daß charakteristische Zusammenhänge zwischen den
untersuchten Elementen und ihren Merkmalen ermittelt werden
können (vgl. VOGEL 1975, S. 347). Hierauf baut der zweite Teil
der durchzuführenden Ermittlung auf.

In diesem zweiten Teil werden die Merkmale bestimmt, die einen
besonders hohen Beitrag zur Bildung der Klassen (hier: Unfallschwerpunkte) geleistet haben, d.h. die <u>dominant</u> bei der Klassenbildung beteiligt waren. Die Ermittlung wird mit Hilfe eines
Vergleiches der Häufigkeiten der Merkmalsausprägungen der durch
die Clusteranalyse gebildeten Klassen und der Häufigkeiten der
Merkmalsausprägungen aller erfaßten Unfälle vorgenommen. In
den statistischen Nachweis werden die sechs in Kapitel 7.2.1
ermittelten Merkmale einbezogen.

Da die Ergebnisse dieser Arbeit allgemeingültig für alle "Erscheinungsformen der Instandhaltung"[1] gelten sollen, muß ein

---

1) Auch "Instandhaltungstypen" genannt (vgl. WEINGÄRTNER 1986,
   S. 4).

Untersuchungsfeld gewählt werden, das sämtliche Formen beinhaltet. Die Erscheinungsformen der Instandhaltung können durch folgende Charakteristika beschrieben werden (vgl. WEINGÄRTNER 1986, S. 8):

- Auftragsspektrum,

- Auftragsauslösungsart,

- Auftragsstruktur,

- Dispositionsart,

- Dispositionsspielraum,

- Bedarfsdeckung.

Die möglichen Ausprägungen der Charakteristika sind in Abbildung 7-5 aufgeführt.

Charakteristika	Ausprägungen der Charakteristika		
Auftragsspektrum	Standardaufträge	Standardaufträge mit Varianten	Aufträge nach Kundenspezifikation
Auftragsaus-lösungsart	Instandhaltung aufgrund fester Bedarfserwartung		Instandhaltung auf Bestellung
Auftragsstruktur	Aufträge mit geringer Tiefe	Aufträge mit mittlerer Tiefe	Aufträge mit großer Tiefe
Dispositionsart	auftragsunabhängige Disposition	überwiegend auftragsunabhängige Disposition	auftragsbezogene Disposition
Dispositions-spielraum	geringer Dispositionsspielraum	mittlerer Dispositionsspielraum	großer Dispositionsspielraum
Bedarfsdeckung	Grundausstattung/ Handvorrat	Betriebsmittel-ausgabe/ Lager	Bestellung/ Anfertigung

Abb. 7-5: Morphologische Darstellung der Erscheinungsformen der Instandhaltung (in Anlehnung an WEINGÄRTNER 1986, S. 8)

Unabhängig vom jeweiligen Clusterverfahren kann in Anlehnung an STEINHAUSEN/LANGER (1977, S. 19ff) folgendes Ablaufschema zur Durchführung der Clusteranalyse für den vorliegenden Anwendungsfall angegeben werden:

Als erstes ist die Auswahl und Beschreibung des Untersuchungs-
feldes vorzunehmen (Kapitel 7.2.2.1). Hieran schließt sich die
Festlegung der Vorgehensweise für die Datenerhebung an. Im
Rahmen der Datenerhebung ist auf das Erhebungsinstrumentarium,
auf die Erfassung sowie auf die Kontrolle während der Erfassung
einzugehen (Kapitel 7.2.2.2). Die erhobenen Daten sind anschließend aufzubereiten. Hierbei ist erstens im Hinblick auf
das einzusetzende Clusterverfahren zu bestimmen, welches Skalierungsniveau die erhobenen Daten aufweisen, zweitens zu
ermitteln, ob zwischen den Merkmalen bzw. ihren Ausprägungen
starke Zusammenhänge bestehen und drittens festzulegen, ob
eine (externe) Gewichtung der einzelnen Merkmale vorgenommen
werden soll (Kapitel 7.2.2.6). Da im Rahmen der durchzuführenden Clusteranalyse Elemente aufgrund von Ähnlichkeit bzw.
Unähnlichkeit in Klassen eingeteilt werden, ist im weiteren
ein Ähnlichkeitsmaß für die Klassifikation auszuwählen (Kapitel
7.2.2.4). An die Auswahl eines geeigneten Klassifikationsverfahrens (Kapitel 7.2.2.5) schließt sich die Durchführung der
Klassifikation an (Kapitel 7.2.2.6). In Kapitel 7.2.2.7 erfolgt
die Analyse der Klassifikationsergebnisse.

7.2.2.1 Auswahl und Beschreibung des Untersuchungsfeldes

Da sämtliche in Kapitel 7.2.2 gestellten Anforderungen an das
Untersuchungsfeld in Stahlwerken bei der Instandhaltung der
Anlagen zum kontinuierlichen Vergießen von Stahl erfüllt sind,
soll dieser Bereich für die weitere Arbeit als Untersuchungsfeld dienen. Zu diesem Bereich zählen:

- Anlagen in der Pfannenwirtschaft,
- Anlagen in der Stopfenmacherei,
- Anlagen in der Verteilerrinnenwirtschaft,
- Stranggußanlagen,
- Kräne und
- Anlagen in der Adjustage.

An insgesamt sechs verschiedenen Standorten und elf unterschiedlichen Anlagen wurde das Unfallgeschehen aufgenommen. Es
konnten 1173 Unfälle erhoben werden. Dies bedeutet, daß ca. 24%
aller Instandhaltungsunfälle erfaßt wurden, die sich im Untersuchungszeitraum in der Bundesrepublik Deutschland an diesen
Anlagen ereignet haben (vgl. HARTUNG 1987c, S. 2). Insgesamt
wurde das Unfallgeschehen während $5,5 \cdot 10^5$ Stunden erhoben.
Da der Aussagewert von meldepflichtigen und nicht-meldepflichtigen Unfällen sehr unterschiedlich ist[1] (vgl. SCHNEIDER
1969, S. 7ff; HARTUNG 1988b, S. 3ff), erschien es begründet,
sowohl Unfälle mit einer Ausfallzeit von mehr als 3 Tagen[2] zu
berücksichtigen als auch solche, die eine Ausfallzeit von 3
Tagen und weniger[3] zur Folge hatten.

7.2.2.2 Datenerhebung

Vor der Erfassung der Unfalldaten wurde ein standardisierter
Datenerhebungsbogen entwickelt, mit dessen Hilfe für jeden
Unfall die Merkmalsausprägungen der sechs möglichen Merkmale
aufgenommen werden konnten (vgl. Anhang 1).

Die Datenerfassung (vgl. EMONTS'BOTS 1987, S. 49ff) erfolgte
mit Hilfe von Personal aus den an der Untersuchung beteiligten
Unternehmen. Die mitwirkenden Personen sind ausführlich einge-
wiesen worden. Die Daten basieren auf Eintragungen in Verbands-
büchern und Unfallmeldebögen an die Berufsgenossenschaft sowie
auf betriebsinternen Unfallmeldungen und betriebsinternen
Unfallanalysen.

Zur Gewährleistung zuverlässiger Daten wurden nach der Erhebung sämtliche Daten aufgrund der Originalunterlagen durch zwei

---

1) Bei meldepflichtigen und nicht-meldepflichtigen Unfällen
   sind u.a. verschiedene Unfallschwerpunkte zu verzeichnen.

2) Meldepflichtige Unfälle.

3) Nicht-meldepflichtige Unfälle.

unabhängige Personen überprüft.

Durch die gewählte Form der Datenerhebung sind die wesentlichen
Voraussetzungen für die Objektivität der Untersuchung erfüllt
(vgl. DICHTL/ KAISER 1978, S. 490; SCHMIDT 1969, Spalte 664).

7.2.2.3 <u>Aufbereitung der Daten</u>

Wie in Kapitel 7.2.2 beschrieben, sind die Daten nach der
Erhebung aufzubereiten.

Für die Wahl eines Ähnlichkeitsmaßes (vgl. Kapitel 7.2.2.4) und
eines Klassifikationsverfahrens (vgl. Kapitel 7.2.2.5) ist die
Kenntnis des Skalierungsniveaus der erhobenen Daten notwendig.
Das Skalierungsniveau gibt Auskunft über den Informationsgehalt
der verschiedenen Skalentypen.

Die in die Untersuchung einbezogenen Merkmale sind nominal ska-
liert (vgl. Kapitel 7.2 und Anhang 1). Aus diesem Grund muß
ein Ähnlichkeitsmaß und ein Klassifikationsverfahren gewählt
werden, das auf nominale Merkmale ausgerichtet ist.

Die einzelnen Merkmale müssen nicht nur sachlich relevant
(vgl. VOGEL 1975, S. 51), sondern auch weitgehend unabhängig
voneinander sein. Die weitgehende Unabhängigkeit bedeutet, daß
die Merkmale untereinander nur bis zu einem bestimmten Maß
korrelieren dürfen, da ansonsten eine ungewollte "interne
Gewichtung" eines Klassifikationsaspektes vorgenommen würde
(vgl. VOGEL 1975, S. 58). Bei Vorhandensein von hohen Korrela-
tionen ist zu überlegen, ob ein oder mehrere Merkmale auszuschließen sind oder eine faktoranalytische Zusammenfassung von
Merkmalen vorgenommen werden muß.

Der Grad der Unabhängigkeit der Merkmale ist im weiteren durch
eine Korrelationsanalyse zu prüfen. Die Wahl eines geeigneten
Korrelationsverfahrens hängt vom Skalierungsniveau der Merkmale

ab. Da es sich bei den in die Untersuchung einzubeziehenden Merkmalen ausnahmslos um nominal skalierte Merkmale handelt, kann der Grad der Abhängigkeit der Merkmale voneinander mit Hilfe des Kontingenzkoeffizienten K von PEARSON (vgl. BAMBERG/BAUR 1985, S. 36) wie folgt bestimmt werden:

$$K = \sqrt{\frac{\chi^2}{n+\chi^2}}$$

wobei

$$\chi^2 = \sum_{i=1}^{k} \sum_{j=1}^{l} \frac{(h_{ij}-\tilde{h}_{ij})^2}{\tilde{h}_{ij}} \quad \text{und} \quad \tilde{h}_{ij} = \frac{h_{i.} \cdot h_{.j}}{n}$$

ist, $h_{i.}$ und $h_{.j}$ die Randhäufigkeiten einer Vielfeldertafel und n die Summe aller $h_{i.}$ bzw. $h_{.j}$ repräsentieren.

Wenn der Kontingenzkoeffizient zu

$$K_* = \frac{K}{K_{max}}$$

mit $K_{max} = \sqrt{\frac{M-1}{M}}$, wobei $M = \min\{k,l\}$ ist,

normiert wird, kann der normierte Kontingenzkoeffizient Werte von 0 bis 1 annehmen. Der Extremwert $K_* = 0$ wird erreicht, wenn zwei Merkmale unabhängig voneinander sind. Der Wert $K_* = 1$ tritt genau dann ein, wenn zwei Merkmale in dem Sinne abhängig sind, daß aus der Kenntnis der Ausprägungen eines Merkmals absolut sicher auf die Ausprägung des anderen Merkmals geschlossen werden kann (vgl. BAMBERG/BAUR 1985, S. 41); dies gilt z.B. für die Merkmale "Alter" und "Geburtsdatum".

Als obere Grenze für zulässige Konzentrationen zwischen zwei Merkmalen gibt VOGEL (1975, S. 59ff) einen Wert von $K_* = 0,9$ an. Wird in dieser Arbeit bei zwei Merkmalen ein Korrelationswert von $K_* = 0,9$ überschritten, so soll eines der beiden

Merkmale bei der sich anschließenden Clusteranalyse ausgeschlossen oder eine faktoranalytische Zusammenfassung der Merkmale durchgeführt werden.

Die Berechnung des Kontingenzkoeffizienten erfolgt entsprechend den oben aufgeführten Gleichungen mit Hilfe eines EDV-Programms. Die Kontingenzkoeffizienten der Merkmale sind in Abbildung 7-6 dargestellt.

Merkmale zur Berechnung der Korrelation	Unfallort	Verletzungsart	verletzter Körperteil	Unfallvorgang	Unfallgegenstand	Tätigkeit
Unfallort	—	0,28	0,24	0,31	0,27	0,33
Verletzungsart		—	0,57	0,62	0,64	0,63
verletzter Körperteil			—	0,60	0,46	0,46
Unfallvorgang				—	0,63	0,60
Unfallgegenstand					—	0,64
Tätigkeit						—

Abb. 7-6: Korrelationskoeffizienten der Klassifikationsmerkmale

Keiner der Korrelationswerte übersteigt den für diese Arbeit festgelegten Grenzwert von $K_* = 0,9$; sämtliche Korrelationswerte bleiben weit unter dem Grenzwert. Aus diesem Grund ist keine Elimination eines Merkmals oder faktoranalytische Zusammenfassung von Merkmalen notwendig.

Der Anwender kann durch eine (externe) Gewichtung bewußt Einfluß auf die Klassenbildung nehmen. Diese meist a priori durchgeführte Gewichtung setzt eine genaue Kenntnis des Untersuchungsbereiches voraus. Sie birgt aber die Gefahr, daß ein

Teil der Clusterbildung vorweg genommen (vgl. IHM u.a. 1971, S. 163), die natürliche Klassifikation verwischt (vgl. SODEUR 1974, S. 44) sowie die Objektivität verringert wird (vgl. VOGEL 1975, S. 70). Aus diesem Grund scheint es angebracht, in dieser Arbeit auf eine externe Gewichtung zu verzichten.

7.2.2.4 <u>Auswahl eines Ähnlichkeitsmaßes für die Klassifikation</u>

Die Zusammenfassung von ähnlichen Elementen durch eine Clusteranalyse zu Klassen erfordert ein Maß zur Quantifizierung der Ähnlichkeit bzw. Unähnlichkeit der Elemente. In der Literatur wird eine Vielzahl von Ähnlichkeitsmaßen beschrieben; in diesem Zusammenhang sei auf die Arbeiten von BOCK (1974, S. 24ff), SODEUR (1974, S. 75ff), STEINHAUSEN/LANGER (1977, S. 51ff) und VOGEL (1975, S. 78ff) verwiesen. Es genügt für diese Arbeit jene Ähnlichkeitsmaße anzusprechen, die für nominal skalierte Merkmale geeignet sind.

Generell lassen sich für nominal skalierte Merkmale zwei Arten von Ähnlichkeitsmaßen unterscheiden. Die erste Art kann nur binäre Merkmale verarbeiten; binäre Merkmale stellen einen Spezialfall der nominal skalierten Merkmale dar, bei denen nur die zwei Ausprägungen "Merkmal vorhanden" und "Merkmal nicht vorhanden" auftreten. Weitere Einzelheiten entnehme man u.a. VOGEL (1975, S. 97ff). Er beschreibt mögliche verzerrende Auswirkungen dieser Ähnlichkeitsmaße auf die Analyseergebnisse, die im binären Charakter der Merkmale begründet sind.

Die Entropie als zweite Art des Ähnlichkeitsmaßes benötigt keine binären Merkmale. Sie kann Merkmale verarbeiten, bei denen mehr als zwei Merkmalsausprägungen auftreten. Die von VOGEL (1975, S. 97ff) beschriebenen Nachteile von binären Merkmalen sind beim Einsatz der Entropie als Ähnlichkeitsmaß ausgeschlossen. Das auf der Informationstheorie von SHANNON (1948, S. 623ff) basierende Distanzmaß quantifiziert den Informationsverlust, der bei der Zusammenfassung von mehreren Elementen in Kauf genommen werden muß. Die Entropie besitzt genau dann den Wert $E(G_N) = 0$, wenn jedes Element eine eigene Klasse bildet. Der Wert $E(G_1) = max$ wird erreicht, wenn alle Elemente zu einer einzigen Klasse zusammengefaßt sind und dadurch keinen Informationswert mehr besitzen. Der Entropiezuwachs beim Zusammenschluß von zwei Elementen oder Klassen G_x und G_y zur Klasse G_{xy} beträgt

$$\Delta E = E(G_{xy}) - (E(G_x) + E(G_y)) \ .$$

Die Entropie verzichtet auf mehr oder weniger willkürlich definierte Abstände zwischen Elementen bzw. Klassen, sie berücksichtigt die relativen Häufigkeiten der Merkmalsausprägungen. Weitergehende theoretische Betrachtungen zur Entropie und zur Informationstheorie finden sich in den Arbeiten von SODEUR (1974, S. 137ff), BOCK (1974, S. 93ff) und VOGEL (1975, S. 109ff).

Zusammenfassend läßt sich festhalten: Da die Entropie nicht verzerrend auf das Analyseergebnis einwirkt und auf mehr oder weniger willkürlich definierte Abstände zwischen Elementen bzw. Klassen verzichtet, soll die Entropie als Ähnlichkeitsmaß für die Klassifikation verwendet werden.

7.2.2.5 Auswahl eines Klassifikationsverfahrens

Die Auswahl eines Klassifikationsverfahrens beschränkt sich auf die für diese Arbeit ausschlaggebenden Vor- und Nachteile der verschiedenen Verfahren; ausführliche Darstellungen entnehme man BOCK (1974, S. 218ff und S. 356ff), SODEUR (1974, S. 143ff), VOGEL (1975, S. 210ff) und STEINHAUSEN/LANGER (1977, S. 73ff).

Die für die vorliegende Problemstellung existierenden Verfahren unterscheiden sich in Anlehnung an STEINHAUSEN/LANGER (1977, S. 69) in Verfahren, die hierarchisch aufgebaute Klassenresul-

tate liefern (hierarchische Verfahren) oder eine vorliegende
Anfangspartition verbessern (partitionierendes Verfahren)
(siehe Abbildung 7-7).

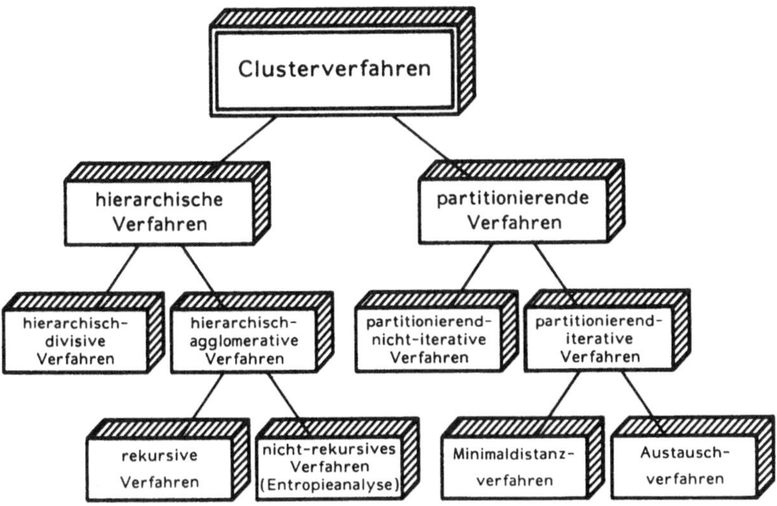

Abb. 7-7:   Möglichkeiten der Clusteranalyse

Den hierarchischen Clusterverfahren ist gemeinsam, daß sie auf
jeweils unterschiedlichen Ähnlichkeitsebenen Klassen von Elementen konstruieren. Die jeweiligen Klassen werden stufenweise
durch einen agglomerativen oder divisiven Klassenprozeß gebildet (siehe Abbildung 7-8, linker Teil). Ausgehend von der
größtmöglichen Anzahl von Klassen - dies ist der Fall, wenn
sich in jeder Klasse nur ein Element befindet - faßt das agglo-
merative Vorgehen solange kleinere Klassen zu größeren zusammen, bis schließlich nur noch eine Klasse existiert, die sämtliche Elemente enthält. Die divisive Vorgehensweise verfolgt
den umgekehrten Weg: von einer Klasse ausgehend, in der alle
Elemente enthalten sind, spaltet sie die Klassen so lange auf,
bis die größtmögliche Klassenzahl erreicht ist. Die Anzahl der
Klassen entspricht dann der Anzahl der Elemente.

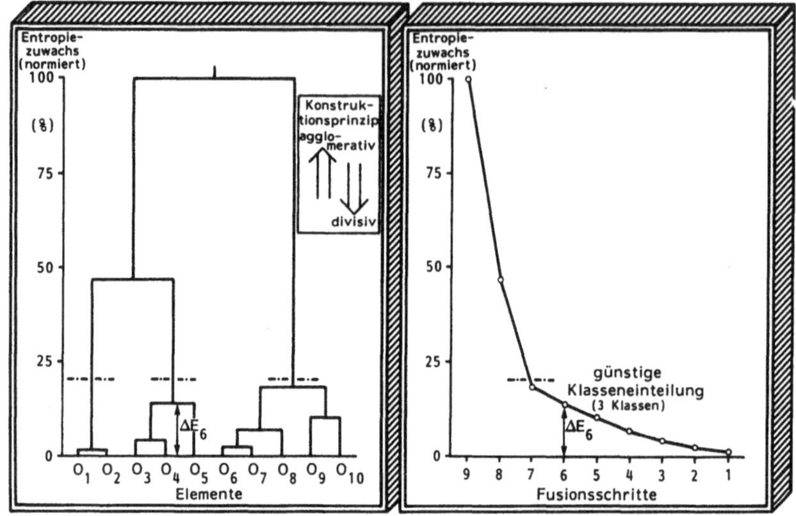

<u>Abb. 7-8</u>: Dendrogramm und Struktugramm sowie Konstruktions-
prinzip bei hierarchischen Verfahren (beispielhaft)

Die Verwendung hierarchisch-divisiver Verfahren ist selten, da
sie im Vergleich zu den hierarchisch-agglomerativen Verfahren
weniger leistungsfähig und unwirtschaftlich sind (vgl. VOGEL
1975, S. 349 und S. 351). Aus diesem Grund soll - wenn ein
hierarchisches Verfahren eingesetzt wird - im Rahmen dieser
Arbeit ein hierarchisch-agglomeratives Verfahren gewählt werden.

Die hierarchisch-agglomerativen Verfahren gliedern sich in
rekursive und nicht-rekursive Verfahren. Die rekursiven Verfahren verwenden zur Berechnung der Ähnlichkeitsmaße einer (neuen)
Klasse die berechneten Ähnlichkeitsmaße der bis dahin zusammen-
gefaßten Klassen. Bei den nicht-rekursiven Verfahren wird
dagegen jeweils auf die originären Daten zur Beschreibung der
Elemente zurückgegriffen. Das einzige nicht-rekursive Verfahren ist die Entropieanalyse, auch "Informationsanalyse" bzw.
"Information Analysis" genannt. Da es bei den nicht-rekursiven
Verfahren im Gegensatz zu den rekursiven Verfahren zu keiner

Beeinträchtigung der Klassifikationsergebnisse kommen kann (vgl. VOGEL 1975, S. 292), wird diesem Klassifikationsverfahren - wenn ein hierarchisches Verfahren eingesetzt wird - in dieser Arbeit der Vorzug gegeben. Diese Entropieanalyse gehört nach VOGEL (1975, S. 350) zu den leistungsfähigsten Clusteranalysen.

Die Ergebnisse der hierarchischen Verfahren lassen sich an zwei graphischen Darstellungen veranschaulichen,

- dem Dendrogramm und
- dem Struktugramm.

Das Dendrogramm veranschaulicht in Form einer Baumstruktur (siehe Abbildung 7-8, linker Teil), welche Elemente bzw. Klassen jeweils einen Zusammenschluß erfahren haben. Zusätzlich wird das Ähnlichkeitsniveau angegeben, auf dem die Fusion von zwei Elementen bzw. Klassen stattgefunden hat. Bei Verwendung der Entropie als Ähnlichkeitsmaß stellt die totale Entropie oder der Zuwachs der totalen Entropie das Ähnlichkeitsniveau dar. Im vorliegenden Fall soll - wenn ein hierarchisches Verfahren eingesetzt wird - der Entropiezuwachs ΔE gewählt werden, der die Struktur des Dendrogramms deutlicher veranschaulicht.

Wird in einem Diagramm der bei jedem Fusionsschritt neu hinzukommende Entropiezuwachs ΔE über die Fusionsschritte aufgetragen, so entsteht ein Struktugramm (vgl. Abbildung 7-8, rechter Teil). Das Struktugramm enthält u.a. einen Anhaltspunkt für eine günstige Klasseneinteilung (vgl. GÜTTLER 1978, S. 95), d.h. eine für den Anwendungsfall "optimal" interpretierbare Klassenzahl (vgl. SODEUR 1974, S. 126). Diese Klassenzahl ist dann erreicht, wenn der Entropiezuwachs überproportional ansteigt. In Abbildung 12-5 liegt die günstige Klasseneinteilung bei 3 Clustern; sie wird im Fusionsschritt 7 erreicht.

Zur Analyse der erfaßten Daten kann auch eine zweite Art von Clusterverfahren, die <u>partitionierenden Clusterverfahren</u>, eingesetzt werden (vgl. Abbildung 7-7). Die partitionierenden Clusterverfahren können eine vorliegende Anfangspartition verbessern. Unter den partitionierenden Clusterverfahren haben aufgrund der Leistungsfähigkeit nur die iterativen Verfahren eine praktische Bedeutung (vgl. VOGEL 1975, S. 344). Bei diesen wird, nachdem eine Anfangspartition der Elemente vorgegeben ist, eine iterative Verbesserung der Klasseneinteilung durch paarweisen Austausch von Elementen vorgenommen, bis eine "optimale Güte" (VOGEL 1975, S. 216) erreicht ist. Zu den gebräuchlichsten partitionierenden iterativen Verfahren zählen das Minimaldistanz- und das Austauschverfahren. In dieser Arbeit soll - wenn ein partionierendes Verfahren eingesetzt wird - die Entscheidung zugunsten des Austauschverfahrens ausfallen; die Durchführung des Minimaldistanzverfahrens ist zwar geringfügig schneller, führt jedoch meist zu schlechteren Ergebnissen (vgl. STEINHAUSEN/LANGER 1977, S. 126).

Nach der Auswahl der Entropieanalyse als geeignetes hierarchisches Verfahren und des Austauschverfahrens als geeignetes partitionierendes Clusterverfahren bedarf es noch der Entscheidung darüber, ob eine hierarchische oder paritionierende Vorgehensweise angewendet werden soll. Die partitionierenden Verfahren besitzen den Vorteil, daß die Zuordnung der Elemente zu Klassen nicht endgültig ist, sondern im Laufe des Verfahrens rückgängig gemacht werden kann. Sie haben aber den Nachteil, daß die Zahl der zu bildenden Klassen von vornherein festgelegt ist. Bei den hierarchischen Verfahren ist zwar die Zuordnung von Elementen zu Klassen bzw. die Fusion von Klassen endgültig, was sich aber nur bei schlecht strukturierten Daten auswirkt. Der wesentliche Vorteil liegt darin, daß die Anzahl der Klassen nicht a priori festzulegen ist, was die Analyse der Klassifikationsergebnisse wesentlich vereinfacht. Aufgrund dieser Zusammenhänge schlägt VOGEL (1975, S. 352) vor, hierarchische Verfahren vorzuziehen, sofern keine sachlichen Anhaltspunkte über die Anzahl der zu bildenden Klassen vorliegen.

Verschiedene Autoren befürworten die Kopplung eines hierarchischen und eines partitionierenden Klassifikationsverfahrens (u.a. VOGEL 1975, S. 352; BOCK 1974, S. 224; SPÄTH 1975, S. 12; STEINHAUSEN/LANGER 1977, S. 137), wenn das hierarchische Verfahren keine eindeutigen Ergebnisse liefert oder für das partitionierende Verfahren eine Anfangspartition zu suchen ist. In dieser Arbeit soll entsprechend diesem Vorschlag das partitionierende Verfahren nur dann eingesetzt werden, wenn die Ergebnisse des hierarchischen Verfahrens für die angestrebte Zielsetzung unbefriedigend ausfallen.

7.2.2.6 Durchführung der Klassifikation

Die Durchführung der Clusteranalyse erfolgt entsprechend der beschriebenen Vorgehensweise. Im Hinblick auf die aufgestellten Merkmale werden - wie bereits erwähnt - die Entropie als Ähnlichkeitsmaß, die Entropieanalyse als geeignetes hierarchisches und - soweit erforderlich - das Austauschverfahren als geeignetes partitionierendes Clusterverfahren eingesetzt (siehe Kapitel 7.2.2.5). Die Clusteranalyse fand zum einen unter Einbeziehung der Unfallschwere[1] und zum anderen unter Beachtung der Unfallhäufigkeit statt. Da beide Analysen vergleichbare Ergebnisse liefern, sollen im weiteren nur noch die mit Hilfe der Unfallhäufigkeit ermittelten Ergebnisse vorgestellt werden. Die Klassifikation erfolgte mit dem EDV-Programm CLUSTER1 aus der Programmbibliothek des Forschungsinstitutes für Rationalisierung (siehe POTT 1985, S. 1ff). Das verwendete Klassifikationsprogramm ist entsprechend den Angaben von BOCK (1974, S. 2188ff und S. 356ff) über den Ablauf von hierarchischen und partitionierenden Verfahren aufgebaut. Die Eingangsdaten bilden hierbei die ermittelten Unfälle mit den Ausprägungen der zu untersuchenden Merkmale (vgl. Anhang 1). Als Ergebnis erhält man die durch das Klassifikationsprogramm

---

1) Gemessen in Ausfalltagen je Unfall.

erstellte Klasseneinteilung; für jede Klasse erfolgt die Nennung der darin enthaltenen Elemente.

Unter Zuhilfenahme eines ermittelten Dendrogramms und des dazugehörigen Struktugramms (vgl. Abbildung 7-9), welche anschaulich den Klassenbildungsprozeß wiedergeben, wurde die Klassenzahl für die weiteren Arbeitsschritte gewählt. Die eingezeichnete, gestrichelte Hilfslinie gibt die Wahl wieder. Die 8 Klassen bilden eine sinnvolle Klasseneinteilung für die 1173 analysierten Unfälle; dies läßt sich wie folgt begründen:

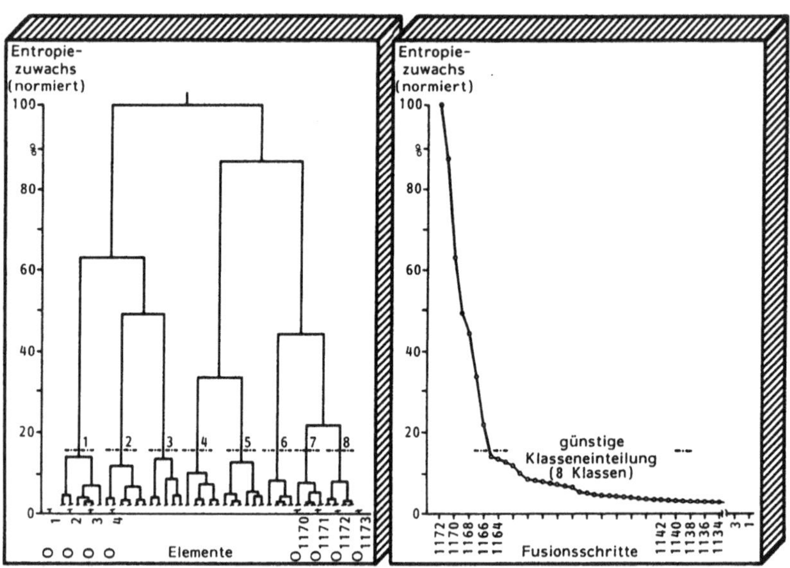

Abb. 7-9:   Dendrogramm und Struktugramm der ermittelten Daten

- Das Dendrogramm zeigt eine klare Klassenbildungsstruktur. Dies wird bei Verringerung der Klassenzahl am Zuwachs der Entropie deutlich. Beim Übergang von neun Klassen auf acht Klassen ist eine wesentliche geringere Zunahme der Entropie zu verzeichnen als beim Übergang von acht Klassen auf sieben Klassen. Dies ist ein Hinweis, daß nach der

Fusion von neun auf acht Klassen eine günstige Klasseneinteilung erreicht ist (vgl. Kapitel 7.2.2.5).

- Darüber hinaus ist bei der gewählten Klassenanzahl eine Interpretation der Klasseninhalte möglich. Die Sicherheitsfachkräfte aus den beteiligten Unternehmen konnten für die einzelnen (Unfall-)Klassen Maßnahmen zur Beseitigung dieser ableiten.

Die acht Klassen werden im folgenden vorgestellt:

Klasse 1

Bei Montage- oder Demontagearbeiten bzw. beim Schweißen, Brennen oder Lastenbewegen von Hand mit einem heißen Gegenstand oder Funken bzw. einer Flamme in Berührung kommen sowie beim Schweißen/Brennen von einem heißen Spritzer oder Splitter getroffen werden.

Klasse 2

Beim Lastenbewegen von Hand, Schweißen, Montieren oder Demontieren von einem Gegenstand getroffen werden sowie beim Lastenbewegen von Hand, Montieren oder Demontieren über einen Gegenstand stürzen.

Klasse 3

Beim Begehen von Maschinen, Betriebsanlagen, Treppen oder Gerüsten stürzen.

Klasse 4

Bei Montage-/Demontagearbeiten oder mechanischen Trennarbeiten auf einen Gegenstand prallen.

Klasse 5

Sich bei Montage-/Demontagearbeiten in einem Maschinenteil oder beim Lastenbewegen mit Hilfsmitteln im Anschlaggeschirr klemmen sowie bei Montage- oder Demontagearbeiten aufgrund eines Hammerfehlschlags getroffen werden.

Klasse 6

Bei Montage-/Demontagearbeiten entweder auf einen Gegenstand prallen, nachdem ein Handwerkzeug abgerutscht ist, oder von einem Stahlspritzer getroffen werden.

Klasse 7

Beim Begehen auf einen Gegenstand prallen oder über einen Gegenstand stürzen.

Klasse 8

Beim Begehen, Aufräumen oder sonstigen Tätigkeiten von einem Funken, bei Montagearbeiten von Öl sowie beim Lastenbewegen mit Hilfsmitteln vom Anschlaggeschirr getroffen werden.

Aufgrund der klaren Struktur der Klassenbildung kann auf eine Verbesserung des Klassifikationsergebnisses durch ein partitionierendes Verfahren verzichtet werden.

7.2.2.7 Analyse des Klassifikationsergebnisses

Nach STEINHAUSEN/LANGER (1977, S. 135), ECKES/ROSSBACH (1980, S. 32) sowie BACKHAUS u.a. (1986, S. 151) können die Merkmale bestimmt werden, die dominant zur Klassenbildung beitragen (hier: Klassen von Unfällen = Unfallschwerpunkte). Zur Bestimmung der dominanten Merkmale wird häufig die Diskriminanzanalyse vorgeschlagen (z.B. ECKES/ROSSBACH 1980, S. 32; BACKHAUS

u.a. 1986, S. 151). "Die Diskriminanzanalyse zielt darauf,
vorgegebene Gruppen von Elementen ... "optimal" zu trennen (zu
"diskriminieren"). Von Interesse ist hierbei ... der Beitrag,
den einzelne Variablen (Anmerkung des Verfassers: in dieser
Arbeit Merkmale genannt) zur Trennung der a priori Gruppen
liefern, ..." (STEINHAUSEN/LANGER 1977, S. 39).

Die Anwendung der Diskriminanzanalyse setzt jedoch voraus, daß
die Anzahl der Merkmale die Anzahl der Klassen übersteigt
(nach BACKHAUS u.a. 1986, S. 213). Diese Voraussetzung ist im
vorliegenden Anwendungsfall nicht erfüllt; es sollen 8 Klassen
(vgl. Kapitel 7.2.2.6) analysiert werden, die mit Hilfe von 6
Merkmalen (vgl. Kapitel 7.2.1[1])) gebildet worden sind. Die
Anzahl der Merkmale ist demzufolge geringer als die Anzahl der
Klassen.

Andere Analysemethoden - wie z.B. die Regressionsanalyse, Vari-
anzanalyse oder Faktorenanalyse - können nicht zur Ermittlung
der dominanten Merkmale eingesetzt werden, da sie für andere
Ziele ausgelegt sind oder im Rahmen dieser Verfahren Voraussetzungen (z.B. metrische Skalierung) gemacht werden, die von
den erhobenen Daten (vgl. Kapitel 7.2.2.2) nicht erfüllt werden. Aus diesem Grund ist es im folgenden notwendig, ein eigen-
ständiges Verfahren zur Bestimmung der dominanten Merkmale zu
entwickeln. Dabei wird auf die deskriptive Statistik[2] zurückgegriffen:

Es kann davon ausgegangen werden, daß ein Merkmal, welches bei
der Bildung einer Klasse **nicht dominant** mitgewirkt hat, innerhalb dieser Klasse eine ähnliche Häufigkeitsverteilung der

---

1) Merkmale: Unfallort, Tätigkeit zum Zeitpunkt des Unfalls,
   Unfallgegenstand, Unfallvorgang, verletzter Körperteil
   sowie Verletzungsart.

2) Die deskriptive Statistik schließt anhand geeigneter Daten
   und mit Hilfe geeigneter Verfahren auf allgemeine Gesetzmä-
   ßigkeiten, die über den Beobachtungsraum hinaus gültig
   sind. Die deskriptive Statistik basiert auf der Wahrschein-
   lichkeitsrechnung (nach SACHS 1984, S. 3).

Merkmalsausprägungen besitzt, wie sie bei Betrachtung des Merkmals über alle analysierten Unfälle (alle Klassen) zu beobachten ist (siehe Abbildung 7-10, linker Teil). Diese Ähnlichkeit basiert auf der Tatsache, daß die Zusammenstellung der Klasse bezüglich des nicht dominierenden Merkmals einer Zufallsauswahl der Unfälle nahekommt.

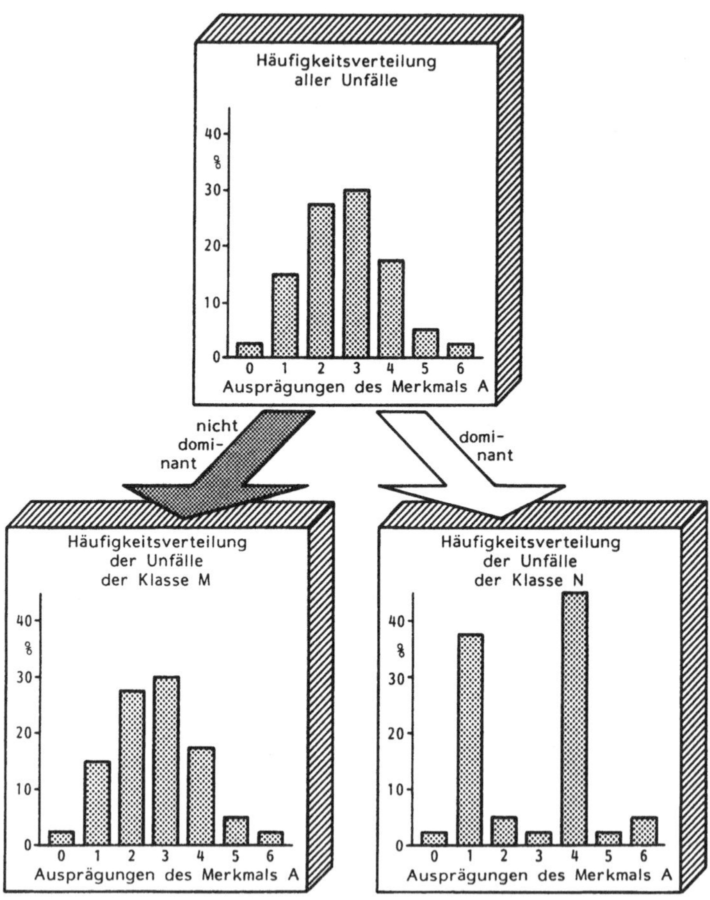

Abb. 7-10: Häufigkeitsverteilungen von nicht-dominanten und dominanten Merkmalen

Bei den <u>dominanten</u> Merkmalen werden sich die Häufigkeitsverteilungen der Merkmalsausprägungen in den einzelnen Klassen von den Merkmalsausprägungen über alle Unfälle charakteristisch unterscheiden (siehe Abbildung 7-10, rechter Teil). Dies ist darauf zurückzuführen, daß die dominanten Merkmale im Rahmen der Clusteranalyse entscheidend zur Bildung der Klassen beitragen. Sie können als Unterscheidungsmerkmale zwischen Klassen aufgefaßt werden. Die Häufigkeitsverteilungen der Merkmalsausprägungen von dominanten Merkmalen werden in der Regel - wie in Abbildung 7-10, rechter Teil dargestellt - durch eine oder wenige Ausprägungen mit hohen Häufigkeiten gekennzeichnet sein.

Auf der Basis dieser Gegebenheiten sind für die 8 Klassen jene Merkmale zu bestimmen, die zur Bildung der Klassen entscheidend beigetragen haben.

Bei Merkmalen, die nicht zur Bildung der Klassen beigetragen haben, ist eine <u>100%ige</u> Übereinstimmung der Häufigkeitsverteilungen unwahrscheinlich; daher sind beim Vergleich der Häufigkeitsverteilungen Toleranzen zu beachten. Als Toleranz wird das Konfidenzintervall der Merkmalshäufigkeiten verwendet, berechnet über die Approximation durch die Normalverteilung.

Die Formel für die Berechnung des Konfidenzintervalls bei Häufigkeitswerten lautet in Anlehnung an SCHULZ (1973a, S. 150):

$$p_{1,2} = p \pm \frac{1}{2n} \pm t \sqrt{\frac{p(1-p)}{n}} \sqrt{\frac{N-n}{N-1}}$$

In der Formel bedeuten

p_1 = obere Schranke des Vertrauensbereichs,
p_2 = untere Schranke des Vertrauensbereichs,
p = Häufigkeit der Merkmalsausprägung,

t = Sicherheitsgrad (bei einer in der Unfallforschung üblichen[1] Irrtumswahrscheinlichkeit von a = 5% beträgt t = 1,96),

N = Anzahl aller Unfälle und

n = Anzahl der Unfälle pro Klasse.

Beim Vergleich der Häufigkeitsverteilungen soll dann von einem dominierenden Merkmal für die Klassenbildung gesprochen werden, wenn bei mindestens fünf der jeweils sieben Merkmalsausprägungen keine Übereinstimmung innerhalb des Konfidenzintervalls festzustellen ist. Die Grenzzahl wurde so hoch angesetzt, damit die Bestimmung der dominanten Merkmale anhand eines streng angelegten Maßstabes erfolgen kann. Um keine Zweifel aufkommen zu lassen, die aufgrund der subjektiven Festlegung der Grenzzahl entstehen könnten, wurde die Analyse auch mit einer um eins erhöhten und einer um eins erniedrigten Grenzzahl durchgeführt; das Ergebnis dieser Analysen (vgl. Abbildung 7-11) ist dem ähnlich, das im weiteren beschrieben wird.

Die Analyse der Klassifikationsergebnisse erfolgte mit Hilfe des EDV-Programms CLUSTER2 (vgl. POTT 1985, S. 1ff). Das verwendete EDV-Programm ist entsprechend der oben beschriebenen Vorgehensweise aufgebaut. Als Eingangsdaten dienen die Ausgangsdaten des EDV-Programms CLUSTER1 (vgl. Kapitel 7.2.2.6). Als Ergebnis des EDV-Programms CLUSTER2 erhält man die Dominanz bzw. Nicht-Dominanz der in die Untersuchung einbezogenen Merkmale.

Das Ergebnis der Analyse ist in Abbildung 7-11 dargestellt. Die die Bildung der Klassen bestimmenden Merkmale sind über die einzelnen Klassen aufgetragen. Wie in der Abbildung zu erkennen ist, bestimmen in der überwältigenden Mehrheit der Fälle die Merkmale "Tätigkeit zum Zeitpunkt des Unfalls", "Unfallgegenstand" und "Unfallvorgang" die Bildung der (Unfall-) Klassen.

---

1) Vgl. SCHULZ 1973a, S. 142.

Merkmale \ Klassen	Klasse 1	Klasse 2	Klasse 3	Klasse 4	Klasse 5	Klasse 6	Klasse 7	Klasse 8
verletzter Körperteil				X	X			
Unfallort								
Verletzungsart								X
Unfallvorgang	X	X	X	X	X	X	X	
Tätigkeit zum Zeitpunkt des Unfalls	X	X	X		X	X	X	X
Unfallgegenstand	X	X	X		X	X		X

X = Merkmal, das die Bildung einer Klasse bestimmte
(leer) = Merkmal, das die Bildung einer Klasse nicht bestimmte

Abb. 7-11: Dominierende Merkmale bei der Bildung der Unfallklassen

Sachlogische Überlegungen bestätigen dieses Ergebnis:

In einem Hüttenwerk wurde eine Untersuchung (vgl. SCHNEIDER
1965, S. 57) durchgeführt, die zum Ergebnis hatte, daß sich 21%
aller Unfälle an 1% der Arbeitsplätze konzentrieren. Dies läßt
vermuten, daß das Merkmal "Unfallort" ein relevantes Merkmal
zur Ermittlung von Unfallschwerpunkten ist. In der genannten
Untersuchung wurden aber die Arbeitsplätze so voneinander
abgegrenzt, daß an einem Arbeitsplatz definitionsgemäß nur
einheitliche und gleichartige Tätigkeiten ausgeführt werden.
Hieraus ergibt sich die Frage, ob die ermittelten Unfallschwerpunkte Konzentrationen von Unfällen nach dem Unfallort oder
Konzentrationen von Unfällen nach der Tätigkeit darstellen.

Unabhängig von dieser Fragestellung treten bei der Verwendung
des Merkmals "Unfallort" im Rahmen der Analyse von Instandhaltungsunfällen weitere zu klärende Fragen auf: In jedem Unternehmen werden bestimmte Instandhaltungsaufgaben wiederholt
auszuführen sein, wie z.B. das Warten eines bestimmten mehrfach
im Betrieb vorkommenden Gerätes. In der Regel werden diese

Geräte aber nicht am selben Standort stehen, sondern auf verschiedene Standorte verteilt sein. Ereignen sich z.B. zwei Unfälle bei der Wartung zweier dieser Geräte, so können bei Verwendung des Merkmals "Unfallort" diese beiden Unfälle nicht als gleichartig erkannt werden, da sie unterschiedliche Merkmalsausprägungen aufweisen. Schon dieses einfache Beispiel zeigt, daß das Merkmal "Unfallort" nicht als Merkmal zur Analyse von Instandhaltungsunfällen geeignet ist.

Jeder Unfall dokumentiert sich in den Unfallfolgen. Die Unfallfolgen "Verletzungsart" und "verletzter Körperteil" könnten daher evtl. Hinweise auf die Ursachen des Unfalls geben (vgl. SILLER 1970, S. 188). Diese Annahme ist aber für das Merkmal "Verletzungsart" in Frage zu stellen. Denn eine Quetschung z.B. kann sehr viele verschiedene Ursachen aufweisen; sie kann durch einen Sturz des Verunglückten, durch das Auftreffen eines herunterfallenden Gegenstandes und durch einen Aufprall des Verunglückten auf einen Gegenstand verursacht worden sein, nachdem ein Handwerkzeug abgerutscht ist. Das Merkmal "Verletzungsart" kann damit nicht zur Charakterisierung und deshalb nicht zur Ermittlung von Unfallschwerpunkten herangezogen werden.

Auch für das Merkmal "verletzter Körperteil" ist die im vorherigen Abschnitt getroffene Annahme nicht richtig. Eine Kopfverletzung kann z.B. vom Aufprall des Kopfes gegen einen Gegenstand bei Begehen eines engen Ganges oder vom Auftreffen eines herunterfallenden Gegenstandes herrühren. Aus diesem Grund kann auch das Merkmal "verletzter Köperteil" nicht zur Ermittlung von Unfallschwerpunkten verwendet werden.

Es ist zu beobachten, daß bestimmte Tätigkeiten bestimmte Gefährdungen beinhalten. So existieren für Unfälle bei der Tätigkeit "Begehen von Anlagen" nur wenige charakteristische Gefährdungen, z.B. "Ausrutschen auf Öl" und "Fallen über herumliegende Gegenstände", oder für Unfälle beim Schweißen "Anfassen von vom Schweißen heißen Teilen" und "vom Funkenflug ge-

troffen werden". Aufgrund dieser Tatsache ist das Merkmal
"Tätigkeit zum Zeitpunkt des Unfalls" zur Charakterisierung
von Unfallschwerpunkten gut geeignet.

Fachkräfte für Arbeitssicherheit machen immer wieder die Beobachtung, daß sich mit bestimmten Gegenständen (z.B. Messer)
stets gleiche oder ähnliche Unfälle ereignen (z.B. "mit dem
Messer beim Kabelabsetzen abrutschen" und "mit der Hand in die
Klinge eines Messers fassen"). Das Merkmal "Unfallgegenstand"
kann daher als Merkmal zur Unfallschwerpunktermittlung herangezogen werden.

Bei der Durchsicht von Unfallmeldungen ist festzustellen, daß
in allen Fällen zur Charakterisierung des Unfalls die Beschreibung des Unfallvorgangs verwendet wird, wie z.B. "Sturz" oder
"Aufprall auf einen Gegenstand". Daher ist davon auszugehen,
daß das Merkmal "Unfallvorgang" auch zur Charakterisierung von
existierenden Unfallschwerpunkten verwendet werden kann.

Zusammenfassend läßt sich festhalten: Mit Hilfe der Clusteranalyse konnten Unfallschwerpunkte bei Instandhaltungsarbeiten
ermittelt werden. Die Schwerpunkte lassen sich insbesondere mit
den Merkmalen "Tätigkeit zum Zeitpunkt des Unfalls", "Unfallvorgang" und "Unfallgegenstand" beschreiben. Diese Merkmale
sollen im Rahmen der komplex mehrdimensionalen Unfallanalyse
als relevante Merkmale Verwendung finden.

7.3 Vergleich von Unfallklassen und Unfalltypen

In Kapitel 7.1 und Kapitel 7.2 wurden eine Methode zur Ermittlung von Gefährdung bei Instandhaltungsarbeiten abgeleitet und
die für die Methode notwendigen Merkmale ermittelt. In diesem
Kapitel soll die Brauchbarkeit der Ergebnisse der neuen Methode
nachgewiesen werden. Dieser Nachweis erfolgt durch einen Vergleich der Ergebnisse aus einer komplex mehrdimensionalen
Unfallanalyse (Unfalltypen) und den Ergebnissen, die mit Hilfe

einer Clusteranalyse erzielt werden können (Unfallklassen). Sind die Ergebnisse der beiden Analysen vergleichbar, so ist der notwendige Nachweis erbracht.

Hierzu ist in einem ersten Arbeitsschritt eine komplex mehrdimensionale Unfallanalyse durchgeführt worden. Es sind die Daten der Unfälle verwendet worden, die auch zur Bestimmung der Merkmale herangezogen wurden. Es fanden die Merkmale "Unfallvorgang", "Tätigkeit zum Zeitpunkt des Unfalls" und "Unfallgegenstand" Verwendung (siehe Kapitel 7.2.2.7). Als Unfalltyp wurde eine Konzentration von 10 und mehr Unfällen[1] definiert, die bei allen drei Merkmalen dieselben Ausprägungen aufweisen. Insgesamt konnten 27 Unfalltypen ermittelt werden.

Im zweiten Arbeitsschritt erfolgte eine Clusteranalyse mit den im ersten Arbeitsschritt verwendeteten Daten. Die Ergebnisse des ersten und des zweiten Arbeitsschrittes müssen vergleichbar sein. Aus diesem Grund wurde die Zahl der Klassen, die mit der Clusteranalyse ermittelt werden sollten, auf dieselbe Zahl festgelegt, die die komplex mehrdimensionale Unfallanalyse zum Ergebnis hatte. Die Klassenzahl für das "Prüfverfahren" Clusteranalyse wurde, um die Überprüfung vornehmen zu können, an die Klassenzahl der zu prüfenden Analyse angepaßt.

Entsprechend den Beschreibungen in Kapitel 7.1 (siehe insbesondere Abbildung 7-2) konnte im dritten Arbeitsschritt eine Matrix mit den drei Merkmalen "Tätigkeit zum Zeitpunkt des Unfalls", "Unfallvorgang" und "Unfallgegenstand" und ihrer in Abbildung 7-4 aufgeführten Ausprägungen aufgebaut werden. In diese Matrix ließen sich die ermittelten Unfalltypen und Unfallklassen eintragen. Abbildung 7-12 gibt die Ergebnisse der drei Arbeitsschritte wieder. Zum Zweck einer guten Übersichtlichkeit werden die Unfalltypen bzw. Unfallklassen nur qualitativ beschrieben; Konzentrationen von Unfällen, die weniger

---

[1] Dies entspricht einer Konzentration von mehr als 0,8% aller Unfälle (vgl. Ausführungen in Kapitel 7.1).

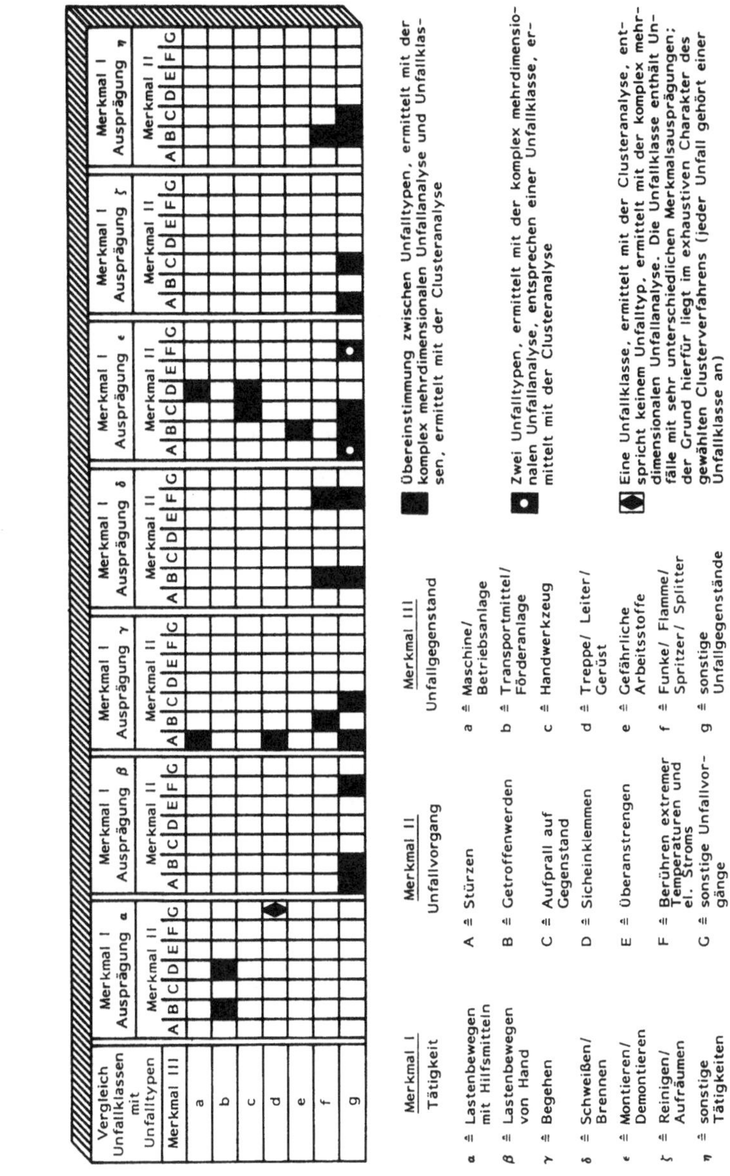

Abb. 7-12: Vergleich von Unfallklassen und Unfalltypen

als 10 Unfälle - d.h. weniger als 0,8% aller Unfälle - beinhalten, sind aus den oben genannten Gründen nicht aufgeführt.

Wie der Abbildung 7-12 zu entnehmen ist, werden in nahezu allen Fällen mit der Clusteranalyse dieselben Schwerpunkte ermittelt, wie mit der komplex mehrdimensionalen Unfallanalyse. Im Rahmen der Clusteranalyse wurde eine Klasse abgeleitet, die unter Zuhilfenahme der komplex mehrdimensionalen Unfallanalyse nicht ermittelt werden konnte. Sie enthält Unfälle mit sehr unterschiedlichen Merkmalsausprägungen und kann als Klasse von Unfällen interpretiert werden, in der Unfälle zusammengefaßt sind, die aufgrund einer zu geringen Ähnlichkeit (vgl. Kapitel 7.2.2.4) keiner anderen Klasse zugeordnet werden konnten; der Grund hierfür liegt im exhaustiven Charakter (jeder Unfall gehört einer Unfallklasse an) des gewählten Clusterverfahrens (vgl. STEINHAUSEN/LANGER 1977, S. 69). Desweiteren wurden zwei Unfalltypen ermittelt, die sich in einer Unfallklasse wiederfinden. Die Klasse enthält Unfälle sowohl mit den Merkmalsausprägungen ϵ, A, g als auch mit den Merkmalsausprägungen ϵ, F, g.

Auf der Grundlage dieses Vergleiches läßt sich festhalten: Im Rahmen der Clusteranalyse lassen mit den Merkmalen "Tätigkeit zum Zeitpunkt des Unfalls", "Unfallvorgang" und "Unfallgegenstand" vergleichbare Unfallschwerpunkte ermitteln, wie mit Hilfe der komplex mehrdimensionalen Unfallanalyse. Da in wissenschaftlichen Arbeiten (siehe Kapitel 6.2.3.4) bewiesen worden ist, daß mit der Clusteranalyse Unfallschwerpunkte ableitbar sind, ist somit im Rahmen dieser Arbeit der Nachweis erbracht worden, daß auch mit der komplex mehrdimensionalen Unfallanalyse unter Zuhilfenahme der Merkmale "Tätigkeit zum Zeitpunkt des Unfalls", "Unfallvorgang" und "Unfallgegenstand" Unfallschwerpunkte ermittelbar sind.

8 Exemplarischer Einsatz der entwickelten Methode zur Ermittlung von Gefährdungen bei Instandhaltungsarbeiten und Analyse der ermittelten Gefährdungen

Das Ziel dieses Kapitels besteht darin, auf der Basis eines praktischen Einsatzes das Zusammenwirken der entwickelten Methode mit den weiteren Arbeitsschritten zur Erhöhung der Arbeitssicherheit (z.B. Bedingungsanalyse; vgl. Kapitel 4.1) nachzuweisen. In diesem Praxistest sollen Lösungsvorschläge zur Verminderung von Gefährdungen bei Instandhaltungsarbeiten exemplarisch für einen besonders gefährdeten Bereich ermittelt werden.

Um unter Zuhilfenahme dieser Arbeit - wie oben erwähnt - möglichst viele Gefährdungen ermitteln und letztlich abbauen zu können, ist für das Praxisbeispiel ein Untersuchungsfeld auszuwählen, das besonders hohe Unfallzahlen aufweist. Da die Eisen- und Stahlindustrie zu den Industriezweigen gehört, die die höchsten Unfallraten verzeichnen, liegt es nahe, ein geeignetes Beispiel in diesem Industriezweig zu suchen; die Anzahl der tödlichen Arbeitsunfälle lag in den letzten Jahren um ca. 200% bis 275% höher als im Durchschnitt der gesamten gewerblichen Wirtschaft (vgl. HENTER/HERMANNS 1985, S. 15; HENTER/ HERMANNS 1987b, S. 4). Innerhalb der Eisen-und Stahlindustrie stellt die Stranggußanlage einen wesentlichen Unfallschwerpunkt dar. Dort ereignen sich etwa doppelt so viele Unfälle wie im Durchschnitt des Industriezweiges, und der Schweregrad[1] der Unfälle liegt um ca. 70% über dem durchschnittlichen Schweregrad der Eisen- und Stahlindustrie (nach WIRTSCHAFTSVEREINIGUNG EISEN- UND STAHLINDUSTRIE 1986, S. 22 und S. 25). Aufgrund der hohen Unfallzahlen sollen für den exemplarischen Einsatz der in dieser Arbeit entwickelten Methode Stranggußanlagen als Untersuchungsfeld ausgewählt werden. In Anhang 2 wird der prinzipielle Aufbau einer Stranggußanlage vorgestellt.

---

1) Gemessen in Ausfalltagen je Unfall.

8.1 Datenerhebung zur Anwendung der entwickelten Methode

Im Rahmen der Datenerhebung wurden die in Kapitel 7.2.2.7
abgeleiteten Merkmale erfaßt. Zusätzlich sind für die Bedingungsanalyse (vgl. Kapitel 4.1) weitere Merkmale auf der Basis
eines in der Eisen- und Stahlindustrie mehrfach erprobten und
bewährten standardisierten Fragebogens (vgl. KOMMISSION DER
EUROPÄISCHEN GEMEINSCHAFTEN 1982, S. 1ff) erhoben worden. Diese
Merkmale und ihre Ausprägungen sind Anhang 3 zu entnehmen. Das
Untersuchungsfeld bestand aus zwei Stranggußanlagen in einem
Großunternehmen der Eisen- und Stahlindustrie. Die Grundlage
der Datenerhebung bildeten die Verbandsbücher des Unternehmens,
die Unfallmeldebögen an die Berufsgenossenschaft sowie be-
triebsinterne Unfallmeldungen und Unfallanalysen. Die Daten
wurden mit Hilfe von Personen aus dem an der Untersuchung
geteiligten Unternehmen erfaßt. Alle Daten sind durch eine
neutrale Person überprüft worden; die fehlenden Daten wurden
nacherhoben, soweit der Erhebungsaufwand vertretbar erschien.
376 meldepflichtige und nicht-meldepflichtige Unfälle kamen
zur Auswertung. Während des gesamten Untersuchungszeitraums
blieben die betrieblichen Rahmenbedingungen konstant; sowohl
die Instandhaltungsaufgaben, die Instandhaltungsobjekte, das
Instandhaltungspersonal als auch die Informationen zur Durchführung der Instandhaltungsaufgabe wurden nicht verändert. Das
Unfallgeschehen von insgesamt $1{,}7 \cdot 10^5$ Stunden wurde erhoben.

8.2 Durchführung der Datenauswertung

Im ersten Schritt der Datenauswertung werden die ermittelten
Unfalldaten eindimensional ausgewertet, um einen Überblick über
das erfaßte Datenmaterial zu erhalten (vgl. Kapitel 6.2.3.1).
Da die eindimensionale Darstellung der Unfälle die Ermittlung
von speziellen Problemgruppen bzw. -bereichen ermöglicht (z.B.
Ausländer), werden die speziellen Unfallursachen und möglichen
Sicherheitsmaßnahmen bestimmt.

Nach der Anwendung der komplex mehrdimensionalen Unfallanalyse
werden im zweiten Schritt der Datenauswertung die Ursachen und
die Einzelmaßnahmen zur Erhöhung der Arbeitssicherheit für
jeden einzelnen Unfalltyp abgeleitet.

8.2.1 Eindimensionale Auswertung der Daten

Um einen Überblick über das erfaßte Datenmaterial zu erhalten,
(vgl. Kapitel 6.2.3.1) wird für jedes Merkmal die Häufigkeit
der Unfälle pro Merkmalsausprägung in einem Histogramm dargestellt (vgl. Abbildung 8-1, dunkle Säulen). Die durchschnitt-
liche Unfallschwere pro Merkmalsauspägung wird durch die durchschnittlichen Ausfalltage pro Unfall angegeben. Um eine Bewertung der Unfallhäufigkeiten vornehmen zu können, wird jeweils
eine geeignete Referenzverteilung mit den entsprechenden Häufigkeitsverteilungen angegeben (vgl. Abbildung 8-1, helle
Säulen). Die Übereinstimmung (oder Nicht-Übereinstimmung) der
beiden Verteilungen wird mit Hilfe des χ^2-Testes überprüft.
Für die Merkmale werden entsprechend den Angaben in Kapitel
7.2.2.7 zusätzlich die Konfidenzintervalle der einzelnen Merkmalsausprägungen angegeben.

Im weiteren wird die eindimensionale Auswertung des Merkmals
"Alter" vorgestellt: Wie Abbildung 8-1 zu entnehmen ist, ereignen sich bei den bis 24-jährigen fast 30% und bei den 25- bis
34-jährigen 28% aller auswertbaren Unfälle sowie bei den 35-
bis 44-jährigen zirka 23%, bei den 45- bis 54-jährigen etwa
19% und bei den über 54-jährigen ungefähr 1% aller auswertbaren
Unfälle (Basis: 293 Unfälle). Diese Zahlen alleine lassen noch
keine Interpretation des Unfallgeschehens bezüglich des Alters
zu. Dies ist erst mit der Kenntnis der prozentualen Altersaus-
prägung aller Instandhalter möglich, die in dem untersuchten
Bereich arbeiten[1]. Der Vergleich der beiden Verteilungen er-

---

1) Hinweis: Alte wie junge Arbeitskräfte führen dieselben
   Tätigkeiten aus.

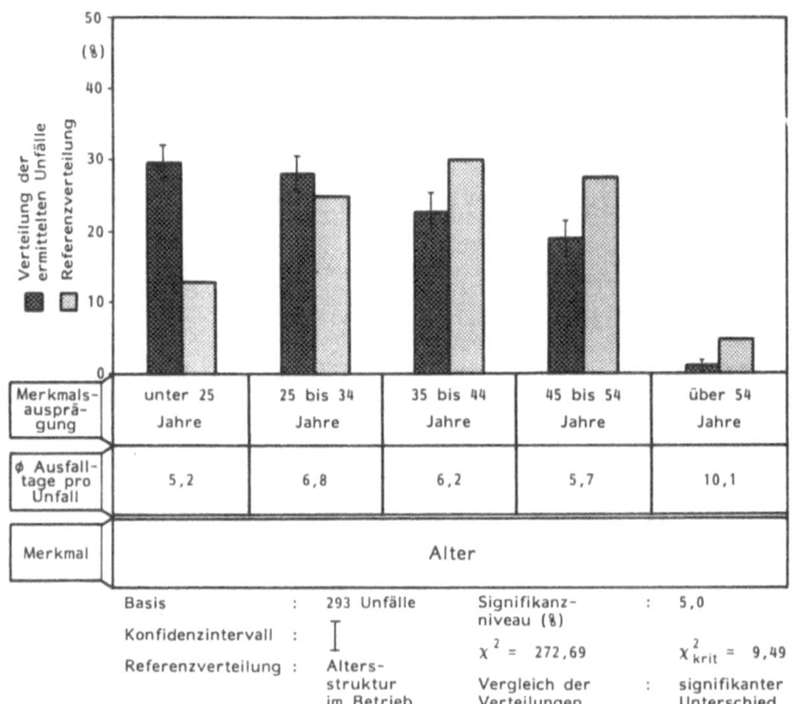

Merkmals-ausprä-gung	unter 25 Jahre	25 bis 34 Jahre	35 bis 44 Jahre	45 bis 54 Jahre	über 54 Jahre
ø Ausfall-tage pro Unfall	5,2	6,8	6,2	5,7	10,1
Merkmal	Alter				

Basis : 293 Unfälle

Konfidenzintervall :

Referenzverteilung : Alters-struktur im Betrieb

Signifikanz-niveau (%) : 5,0

$\chi^2 = 272,69$ $\chi^2_{krit} = 9,49$

Vergleich der Verteilungen : signifikanter Unterschied

Abb. 8-1: Unfallhäufigkeit und Unfallschwere für das Merkmal "Alter"

gibt, daß die Unfallhäufigkeit der jüngeren Arbeitnehmer wesentlich größer ist, als die der älteren Arbeitnehmer. Bei den
bis zu 24-jährigen verunglücken mehr als doppelt so viele
Arbeitnehmer als es ihrem Anteil an der Instandhaltungsbeleg-
schaft entsprechen würde (30% : 12%). Bei den 45- bis 54-jäh-
rigen ist der umgekehrte Sachverhalt festzustellen. Hier sind
nur zirka 19% aller Unfälle zu verzeichnen, obwohl 28% aller
Instandhalter zu dieser Altersklasse gehören (19% : 28%). Bei
den über 54-jährigen ist dieses Verhältnis (1% : 5%) noch stär-
ker ausgeprägt. Der statistische Vergleich der beiden Häufigkeitsverteilungen ergibt, daß sich bei einer Irrtumswahrschein-

lichkeit von $\alpha = 5\%$[1] die beiden Verteilungen nicht übereinstimmen (x^2_{krit} beträgt 9,49, x^2 errechnet sich zu 272,69). Die durchschnittlichen Ausfalltage pro Unfall sind bei allen Merkmalsausprägungen etwa gleich; eine Ausnahme bildet die Merkmalsausprägung der über 54-jährigen, die aber nur einen kleinen Anteil (1%) aller Verunglückten ausmachen.

Die Gegebenheiten sind darauf zurückzuführen, daß die jüngeren Arbeitnehmer über eine geringere Berufserfahrung verfügen und ihre Risikobereitschaft in der Regel höher einzuschätzen ist[2].

Um diese Unfallursachen zu verringern, sind speziell die jüngeren Arbeitskräfte in sicherheitsgerechtem Verhalten zu schulen, die Funktion der Anlage muß eingehend erläutert und die durchzuführenden Tätigkeiten besser trainiert werden.

Da eine ausführliche Diskussion aller eindimensionalen Merkmalsdarstellungen den Rahmen dieser Arbeit übersteigen würde, sind das Histogramm der Häufigkeitsverteilungen sowie die Unfallursachen und möglichen Sicherheitsmaßnahmen tabellarisch für alle ausgewerteten Merkmale der Arbeit in Anhang 3 beigefügt.

Nachdem eine Übersicht über das verwendete Datenmaterial gegeben worden ist, wird im folgenden Kapitel die Auswertung der Unfalldaten mit der komplex mehrdimensionalen Unfallanalyse durchgeführt.

---

1) Eine Irrtumswahrscheinlichkeit von $\alpha = 5\%$ ist ein in der Unfallforschung üblicher Wert (vgl. SCHULZ 1973a, S. 142).

2) Dies ist die Interpretation der Fachkräfte für Arbeitssicherheit aus dem an der Untersuchung beteiligten Unternehmen.

8.2.2 Mehrdimensionale Auswertung der Daten

Im weiteren erfolgt die Durchführung der komplex mehrdimensionalen Unfallanalyse. In eine Matrix (vgl. Abbildung 7-2), in der die Merkmalsausprägungen der drei für die komplex mehrdimensionale Unfallanalyse entscheidenden Merkmale "Tätigkeit zum Zeitpunkt des Unfalls", "Unfallvorgang" und "Unfallgegenstand" aufgetragen worden sind, sind die Unfallzahlen entsprechend ihren Ausprägungen verzeichnet worden. Eine Konzentration von 4 oder mehr Unfällen mit demselben Ausprägungstripel kennzeichnet in diesem Anwendungsfall einen Unfalltyp. 4 und mehr Unfälle entsprechen einem Anteil von über 0,8% aller ausgewerteten Unfälle. Das Ergebnis der Unfalltypenbildung ist in Abbildung 8-2 dargestellt. Insgesamt ergaben sich 25 Unfalltypen[1] bei der Instandhaltung von Stranggußanlagen. Zirka 92% aller erfaßten Unfälle konnten in diesen 25 Unfalltypen zusammengefaßt werden. Dies sind, gegliedert nach dem Merkmal "Tätigkeit zum Zeitpunkt des Unfalls":

- beim Lastenbewegen mit Hilfsmitteln vom Anschlaggeschirr getroffen werden (A);
- beim Lastenbewegen mit Hilfsmitteln sich im Anschlaggeschirr einklemmen (B);
- beim Lastenbewegen von Hand stürzen (C);
- beim Lastenbewegen von Hand von einem umfallenden oder herunterfallenden Gegenstand getroffen werden (D);
- beim Lastenbewegen von Hand einen Gegenstand mit hoher Temperatur berühren (E);
- beim Begehen auf/von einer Maschine oder Betriebsanlage stürzen (F);
- beim Begehen von einer Treppe oder einem Gerüst stürzen (G);
- beim Begehen über einen Gegenstand stürzen (H);
- beim Begehen gegen einen Gegenstand laufen (I);

---

1) Der leichteren Übersichtlichkeit wegen wurden die einzelnen Unfalltypen mit Buchstaben gekennzeichnet.

komplex mehrdimensionale Unfallanalyse — Unfallgegenstand	Tätigkeit: Lastenbewegen mit Hilfsmitteln — Unfallvorgang							Tätigkeit: Lastenbewegen von Hand — Unfallvorgang							Tätigkeit: Begehen — Unfallvorgang							
	Stürzen	Getroffenwerden	Aufprallen auf Gegenstand	Sicheinklemmen	Überanstrengen	Berühren el. Stroms und extremer Temperaturen	sonstige Unfallvorgänge	Stürzen	Getroffenwerden	Aufprallen auf Gegenstand	Sicheinklemmen	Überanstrengen	Berühren el. Stroms und extremer Temperaturen	sonstige Unfallvorgänge	Stürzen	Getroffenwerden	Aufprallen auf Gegenstand	Sicheinklemmen	Überanstrengen	Berühren el. Stroms und extremer Temperaturen	sonstige Unfallvorgänge	Stürzen
Maschine/ Betriebsanlage															29 (F)							
Transportmittel/ Förderanlage		8 (A)		10 (B)																		
Handwerkzeug										1												
Treppe/ Leiter/ Gerüst															10 (G)							
Gefährliche Arbeitsstoffe																1						
Splitter/ Spritzer Funke/ Flamme																2						
sonstige Unfallgegenstände			1					6 (C)	20 (D)	2		1	6 (E)		11 (H)	1	22 (I)	1				

A : Beim Lastenbewegen mit Hilfsmitteln vom Anschlaggeschirr getroffen werden

B : Beim Lastenbewegen mit Hilfsmitteln sich im Anschlaggeschirr einklemmen

C : Beim Lastenbewegen von Hand stürzen

D : Beim Lastenbewegen von Hand von einem umfallenden oder herunterfallenden Gegenstand getroffen werden

E : Beim Lastenbewegen von Hand einen Gegenstand mit hoher Temperatur berühren

F : Beim Begehen auf/von einer Maschine oder Betriebsanlage stürzen

G : Beim Begehen von einer Treppe oder einem Gerüst stürzen

H : Beim Begehen über einen Gegenstand stürzen

I : Beim Begehen gegen einen Gegenstand laufen

J : Beim Schweißen/Brennen von einem heißen Spritzer getroffen werden

K : Beim Schweißen/Brennen von einem umfallenden terfallenden Gegenstand getroffen werden

L : Beim Schweißen/Brennen von einem Funken oder getroffen werden

M : Beim Schweißen/Brennen einen heißen Gegenstand b

N : Beim Montieren/Demontieren über einen Gegenstand

O : Beim Montieren/Demontieren von einem gefährliche stoff (insb. Öl) getroffen werden

P : Beim Montieren/Demontieren von einem umfallende unterfallenden Gegenstand getroffen werden

Q : Beim Montieren/Demontieren auf ein Maschinentei nachdem ein Handwerkzeug abgerutscht ist

Abb. 8-2: Bildung der Unfalltypen für das gewählte Beispiel

Each cell value carries an accident-type marker letter (shown in the cell corner); the legend below the table explains markers R–Y. The table continues from the left-hand page (the first activity group is cut off at the left margin).

Tätigkeit: …en/Brennen (partial) — Unfallvorgang

Sicheinklemmen	Überanstrengen	Berühren el. Stroms und extremer Temperaturen	sonstige Unfallvorgänge
		7 (L)	
		23 (M)	

Tätigkeit: Montieren/Demontieren — Unfallvorgang

Stürzen	Getroffenwerden	Aufprallen auf Gegenstand	Sicheinklemmen	Überanstrengen	Berühren el. Stroms und extremer Temperaturen	sonstige Unfallvorgänge
			16 (S)			
		37 (Q)	18 (T)			
	6 (O)				1	
	2				1	
9 (N)	19 (P)	11 (R)			7 (U)	

Tätigkeit: Reinigen/Aufräumen — Unfallvorgang

Stürzen	Getroffenwerden	Aufprallen auf Gegenstand	Sicheinklemmen	Überanstrengen	Berühren el. Stroms und extremer Temperaturen	sonstige Unfallvorgänge
	2					
		6 (V)			1	

Tätigkeit: sonstige Tätigkeiten — Unfallvorgang

Stürzen	Getroffenwerden	Aufprallen auf Gegenstand	Sicheinklemmen	Überanstrengen	Berühren el. Stroms und extremer Temperaturen	sonstige Unfallvorgänge
			1			
		6 (X)				
	6 (W)					
	1	7 (Y)				1

Legende:

R : Beim Montieren/Demontieren auf einen spitzen/scharfen Gegenstand (Kante, Draht, Schneide) prallen

S : Beim Montieren/Demontieren sich in einem Maschinen-/Anlagenteil klemmen

T : Beim Montieren/Demontieren aufgrund eines Hammerfehlschlages getroffen werden

U : Beim Montieren/Demontieren einen heißen Gegenstand berühren

V : Beim Reinigen/Aufräumen gegen einen Gegenstand stoßen

W : Bei Tätigkeiten im Zusammenhang mit zerspanenden Verfahren von Funken oder Splitter getroffen werden

X : Bei mechanischen Trennarbeiten auf einen Gegenstand prallen, nachdem ein Werkzeug abgerutscht ist

Y : Bei sonstigen Tätigkeiten auf einen Gegenstand prallen

22 — Unfalltyp (A) / Anzahl Unfälle

- beim Schweißen/Brennen von einem heißen Spritzer oder
  Splitter getroffen werden (J);
- beim Schweißen/Brennen von einem umfallenden oder herunterfallenden Gegenstand getroffen werden (K);
- beim Schweißen/Brennen von einem Funken oder einer Flamme
  getroffen werden (L);
- beim Schweißen/Brennen einen heißen Gegenstand berühren (M);
- beim Montieren/Demontieren über einen Gegenstand stürzen (N);
- beim Montieren/Demontieren von einem gefährlichen Arbeitsstoff (insb. Öl) getroffen werden (O);
- beim Montieren/Demontieren von einem umfallenden oder
  herunterfallenden Gegenstand getroffen werden (P);
- beim Montieren/Demontieren auf ein Maschinenteil prallen,
  nachdem ein Handwerkzeug abgerutscht ist (Q);
- beim Montieren/Demontieren auf einen spitzen/scharfen
  Gegenstand (Kante, Draht, Schneide) prallen (R);
- beim Montieren/Demontieren sich in einem Maschinen-/Anla-
  genteil klemmen (S);
- beim Montieren/Demontieren aufgrund eines Hammerfehlschlages getroffen werden (T);
- beim Montieren/Demontieren einen heißen Gegenstand berühren (U);
- beim Reinigen/Aufräumen gegen einen Gegenstand stoßen (V);
- bei Tätigkeiten im Zusammenhang mit zerspanenden Verfahren
  von Funken oder Splitter getroffen werden (W);
- bei mechanischen Trennarbeiten auf einen Gegenstand prallen, nachdem ein Werkzeug abgerutscht ist (X);
- bei sonstigen Tätigkeiten auf einen Gegenstand prallen (Y).

Nach der Ermittlung der Gefährdungen mit Hilfe der komplex
mehrdimensionalen Unfallanalyse werden entsprechend den Ausführungen in Kapitel 4.1 die Gefährdungen einer Bedingungsanalyse
unterzogen, Schutzziele zur Erhöhung der Arbeitssicherheit
festgelegt und Maßnahmen zur Erreichung der Schutzziele, d.h.

zur Erhöhung der Arbeitssicherheit, abgeleitet. Für den Unfalltyp "Beim Begehen von einer Treppe oder einem Gerüst stürzen
(G)" wird beispielhaft die Unfallursachenfindung und basierend
auf dem Schutzziel "Vermeidung der Gefährdungen des Unfalltyps
G" die Ableitung von Einzelmaßnahmen beschrieben. Die Ergebnisse wurden in Zusammenarbeit mit Fachkräften für Arbeitssicherheit aus dem an der Untersuchung beteiligten Unternehmen abgeleitet.

Der bezeichnete Unfalltyp macht zirka 2,7% aller ermittelten
Unfälle aus. Da es sich um schwere Unfälle handelt (etwa 7,7
Ausfalltage pro Unfall; Durchschnitt aller Unfälle: 5,2 Ausfalltage), werden durch Unfälle dieses Typs 3,2% der Gesamtaus-
fallzeit aller Unfälle verursacht. Die Unfälle ereigneten sich
überwiegend am Stütz- und Führungssystem, auf der Gießbühne
und am Strangtrennsystem sowie in den sonstigen Bereichen. Zu
50% sind die unteren Extremitäten und zu etwa 40% die oberen
Extremitäten verletzt worden. Verletzungsfolgen waren überwiegend Quetschungen und Prellungen.

Die einzelnen Unfallursachen sind:

- Öl und Feuchtigkeit insbesondere am Stütz- und Führungssystem sowie am Strangtrennsystem,
- herumliegende Schlacketeile, Pellets und Schweißperlen,
- unzureichende Beleuchtung (häufig defekt; an ungünstigen
  Stellen angebracht, z.B. hinter Pfeilern),
- ergonomisch ungünstig gestaltete Treppen, Gerüste und
  Anlagen (z.B. wechselnde Stufenhöhe),
- nicht ausreichende Absicherungen und
- fehlende Schutzkleidung.

Produktionsbedingt (Kühlung, Schmierung) sind die Treppen und
Gerüste insbesondere am Strangtrennsystem und am Stütz- und
Führungssystem fast ständig feucht und mit Öl beschmutzt. Re-
gelmäßige Reinigungen der Treppen und Gerüste und Reinigungen
vor der Aufnahme umfangreicher Instandhaltungsarbeiten sind

Maßnahmen zur Verringerung dieser Unfallursachen. Die Rutschgefahr und damit das Stürzen von Treppen und Gerüsten kann zusätzlich durch das Tragen von Schuhen mit rutschfesteren Schuhsohlen und durch Installierung von Gitterrosten statt Riffelblechen als Trittflächen beseitigt werden.

Gitterroste als Trittflächen verhindern auch das Liegenbleiben von Schlacketeilen, die bei der Produktion der Stahlstränge entstehen und von Pellets, die von der Gießbühne unbeabsichtigt bis zu den Treppen und Gerüsten gelangen. Schweißperlen, die z.B. bei Schweißarbeiten im Rahmen von Instandhaltungsarbeiten entstehen, fallen durch die Gitterroste und schließen damit die Rutschgefahr aus.

Insbesondere am Stütz- und Führungssystem entstehen an den Beleuchtungskörpern aufgrund extremer Umgebungsbedingungen häufig Defekte. Zum anderen sind sie oft an ungünstigen Stellen (z.B. hinter Pfeilern) befestigt, so daß in der Regel keine ausreichende Ausleuchtung der Treppen und Gerüste gewährleistet ist. Dieser Mißstand kann durch Anbringen der Beleuchtungskörper an lichttechnisch günstigeren Stellen behoben werden (z.B. über den Treppen und Gerüsten); außerdem sind zusätzliche Beleuchtungskörper zu installieren. Desweiteren sollten die Instandhalter über mobile Handlampen verfügen, die in dunkleren, seltener begangenen Bereichen zum Einsatz kommen können. Eine intensivere Wartung und Inspektion der Beleuchtungskörper minimiert den Ausfall von Teilen der lichttechnischen Anlagen.

Zu den weiteren Ursachen zählt die ungünstige Gestaltung von Treppen und Gerüsten (z.B. wechselnde Stufenhöhe). Bereits bei der Konstruktion der Anlage ist auf eine gute Begehbarkeit zu achten; dies gilt insbesondere für Anlagenteile, die aus Instandhaltungsgründen häufig frequentiert werden. Treppen und Gerüste müssen an den häufig begangenen Stellen angebracht und in genügender Zahl vorhanden sein. Sollten Treppen und Gerüste aus produktionstechnischen Gründen nicht fest installierbar sein, so muß sichergestellt werden, daß genügend mobile Gerüste

usw. vorhanden sind und daß sie ohne großen Aufwand schnell
auf- und abgebaut werden können; ggf. sind an der Anlage entsprechende Installationsmöglichkeiten (z.B. Befestigungspunkte)
vorzusehen.

Da die bestehenden Treppen und Gerüste teilweise nicht ausreichend abgesichert sind, müssen zusätzliche Handläufe, Handgrif-
fe und Rückenschutzgitter vorgesehen werden; verbietet sich
deren feste Anbringung, so sind mobile, schnell auf- und ab-
baubare Handläufe usw. zu verwenden. Gefährliche Treppen- und
Gerüstteile (z.B. unerwartete Stufen und Absätze) müssen deutlich gekennzeichnt sein.

Eine ausführliche Diskussion aller 25 Unfalltypen bezüglich der
Unfallursachen und möglichen Unfallverhütungsmaßnahmen kann an
dieser Stelle nicht vorgenommen werden; dies würde den Umfang
dieser Arbeit übersteigen. Die einzelnen Ursachen und Maßnahmen
zu den verschiedenen Unfalltypen sind in Anhang 4 der Arbeit
in tabellarischer Form angefügt.

8.3 Abgeleitete Sicherheitsmaßnahmen

In Kapitel 8.2 wurden Maßnahmen zur Erhöhung der Arbeitssicher-
heit für einzelne Merkmale respektive für einzelne Unfalltypen
hergeleitet. Bei dieser Vorgehensweise bleibt zunächst unbe-
rücksichtigt, daß eine Reihe von Gefährdungen durch identische
Maßnahmen beseitigt werden können. Damit die Umsetzung der
Maßnahmen möglichst effizient durchgeführt wird, soll in diesem
Kapitel die Zusammenfassung und Systematisierung sämtlicher
Maßnahmen erfolgen.

Entsprechend der Wirksamkeit der Maßnahmen lassen sich fünf
Wege der Unfallverhütung (vgl. HACKSTEIN 1977b, S. 313f; SKIBA
1985, S. 38f) unterscheiden:

Der wirksamste Weg der Unfallverhütung ist die Beseitigung der
Gefahr, so daß keine Gefährdung entsteht und somit kein Unfall
geschehen kann (vgl. Abbildung 8-3). Ist keine Beseitigung
oder Verringerung der Gefahr möglich, so sind die Wirkungsbe-
reiche des Unfallgegenstandes und des Menschen (vgl. Abbildung
2-2) derart voneinander zu trennen, daß die Gefährdung des
Menschen verhindert wird, d.h. daß es zu keinem Unfall kommen
kann. Bei der Abschirmung des Unfallgegenstandes als dritten
Weg der Unfallverhütung, wird der "natürliche" Wirkungsbereich
des Unfallgegenstandes derart beschränkt, daß sich die Wir-
kungsbereiche von Unfallgegenstand und Mensch nicht überschnei-
den. Die Wirksamkeit dieser Alternative ist jedoch geringer
als die beiden erstgenannten Möglichkeiten, da der Mensch die
Abschirmung umgehen kann und dadurch ggf. das Zustandekommen
eines Unfalls begünstigt wird. Die Wirksamkeit der Abschirmung
des Menschen (z.B. durch Schutzkleidung) vor dem Unfallgegenstand ist noch geringer. Die Auswirkungen von Unfällen werden
i.d.R. bei diesem Weg nur gemindert, d.h. die Chance des Eintritts eines Unfalls wird nicht beeinflußt. Die geringste Wirksamkeit weist die Anpassung des Menschen an die Gefährdung
auf, da ein gewünschtes Verhalten nur beschränkt trainiert
werden kann und maßgeblich von der individuellen Einstellung

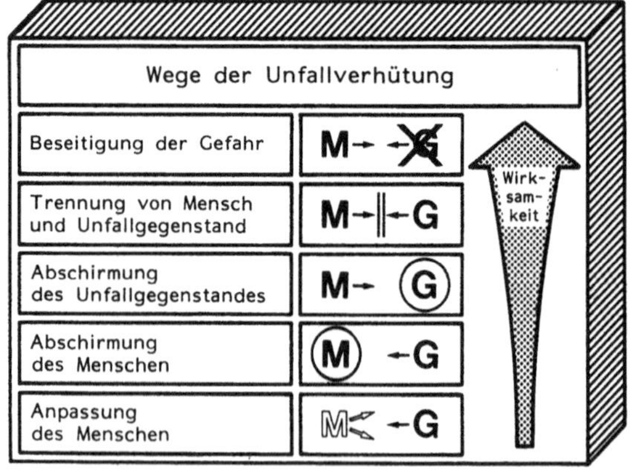

Abb. 8-3: Wege der Unfallverhütung (vgl. SKIBA 1985, S. 38)

| 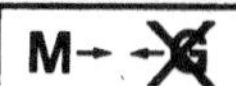 | Beseitigung der Gefahr | 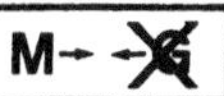 |

■ Durchführen organisatorischer Maßnahmen
- Planung und Steuerung

● Intensivieren der IH-Arbeitsplanung

- Intensivieren der Personalplanung;
- Intensivieren der Betriebsmittelplanung;
- Intensivieren der Materialplanung;
- Intensivieren der IH-Arbeitsplanerstellung;

● Intensivieren der IH-Planung und -Steuerung

- Intensivieren der IH-Programmplanung;
- Intensivieren der Termin- und Kapazitätsplanung;
- Intensivieren der Materialdisposition;
- Intensivieren der Auftragsveranlassung;
- Intensivieren der Auftragsüberwachung;

● Intensivieren der IH-Analyse

- Intensivieren der Abweichungsanalyse;
- Intensivieren der Schwachstellenanalyse;

■ Durchführen organisatorischer Maßnahmen
- zusätzliche Tätigkeiten

- regelmäßiges Reinigen der häufig zu begehenden Flächen (z.B. mit Dampfstrahl);
- regelmäßiges Reinigen von Treppen und Gerüsten;
- regelmäßiges Reinigen von Standflächen;
- Reinigen von Flächen, die häufig begangen werden, vor umfangreichen Instandhaltungsarbeiten;
- Reinigen von Trittflächen vor umfangreichen Instandhaltungsarbeiten;
- Reinigen von Treppen und Gerüsten vor umfangreichen Instandhaltungsarbeiten;
- Reinigen von Standflächen vor umfangreichen Instandhaltungsarbeiten;
- Reinigen des Arbeitsgegenstandes vor Instandhaltungstätigkeiten ("gängig machen");

- Entfernen von herumliegenden Gegenständen;
- Klären der Verantwortung über Ordnung und Sauberkeit (Zuständigkeit bei einer Person z.B. einem Meister, insbesondere bei Mehrschicht-Betrieb;
- besseres Warten der Beleuchtungskörper;
- regelmäßiges Inspizieren und Warten der Schweißgeräte; Verantwortlichkeit bei einer Person;
- sofortiges Melden von Schäden an Schweißgeräten (ein verantwortlicher Mitarbeiter);
- Entfernen von spitzen oder scharfkantigen Gegenständen vor Instandhaltungsarbeiten (ggf. Abdekken);
- Lagern von Gegenständen nur an dafür vorgesehenen Stellen;

■ Durchführen organisatorischer Maßnahmen
- sonstiges

- Bereitstellen von Schuhen mit rutschfester Sohle;

Durchführen konstruktiver Maßnahmen
- kurz- und mittelfristig erreichbar

- Anbringen von Beleuchtungskörpern an geeigneter Stelle bzw. zusätzliche Beleuchtungskörper an ebenen Stellen, die häufig begangen werden;
- Anbringen von Beleuchtungskörpern an geeigneter Stelle bzw. zusätzliche Beleuchtungskörper an Stellen, an denen häufig Montage-/Demontagearbeiten durchgeführt werden, ggf. Bereitstellen von mobilen Beleuchtungskörpern;
- Anbringen von Beleuchtungskörpern an geeigneter Stelle bzw. zusätzliche Beleuchtungskörper an Treppen und Gerüsten, ggf. Bereitstellen von mobilen Beleuchtungskörpern;
- Installieren von Gitterrosten statt Riffelblechen als Trittflächen auf Treppen und Gerüsten sowie auf Maschinen und Anlagen;
- Installieren von Gitterrosten statt Riffelblechen an Stellen, an denen häufig Montage-/Demontagearbeiten durchgeführt werden;

- Installieren von ergonomisch günstig gestalteten Treppen und Gerüsten, insbesondere in häufig zu begehenden Bereichen;
- Installieren von ausreichend Treppen und Gerüsten, ggf. Bereitstellen von mobilen;
- Vorsehen von genügend Befestigungspunkten an Bauteilen für Sicherheitshaken;
- Verwenden von Spezialanschlagmitteln für häufig zu transportierende Bauteile;
- Einführen von Kamera-Monitor-Systemen und/oder Sprechfunkgeräten für den Kranbetrieb;
- Installieren von stufenlos regulierbaren Steuerungen für den Kran;

■ Durchführen konstruktiver Maßnahmen
- langfristig erreichbar

- Vorsehen von genügend Raum für die Instandhalter, insbesondere an Stellen, an denen häufig Montage/Demontagearbeiten oder Schweißarbeiten durchgeführt werden;
- Achten auf gut zugängliche Arbeitsorte;
- genügend Raum für Anschlagmittel vorsehen;

- Vorsehen von ausreichend Platz zum Begehen, insbesondere an häufig zu begehenden Stellen;
- Anlegen von ausreichenden Lagerstellen, die dem Arbeitsplatz angemessen sind (definierte Lagerplätze);

Abb. 8-4: Maßnahmen zur "Beseitigung der Gefahr"

abhängt. Dieser Weg ist nur dann zu beschreiten, wenn andere Alternativen der Unfallverhütung ausgeschlossen werden müssen.

Entsprechend den Wegen der Unfallverhütung werden in den Abbildungen 8-4 (siehe S. 126), 8-5, 8-6, 8-7 und 8-8 alle Maßnahmen zur Erhöhung der Arbeitssicherheit vorgestellt.

Bei der Beseitigung der Gefahr kann differenziert werden zwischen organisatorischen Maßnahmen, die die Planung und Steuerung der Instandhaltung beeinflussen, organisatorischen Maßnahmen, die zusätzliche Tätigkeiten zur Folge haben, und konstruktive Maßnahmen, die kurz- und mittelfristig sowie langfristig in den Stahlunternehmen ausgeführt werden können.

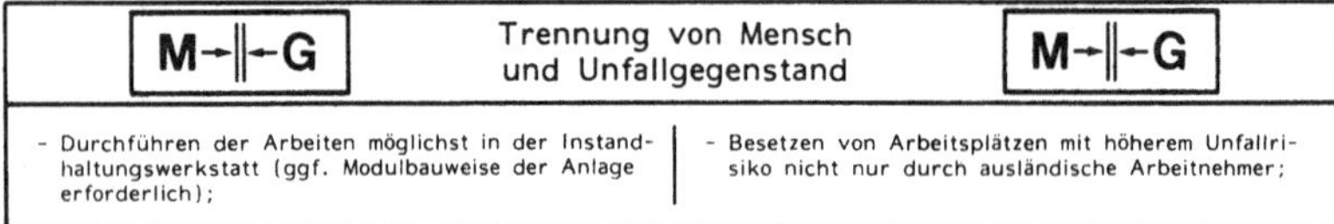

Abb. 8-5: Maßnahmen zur "Trennung von Mensch und Unfallgegenstand"

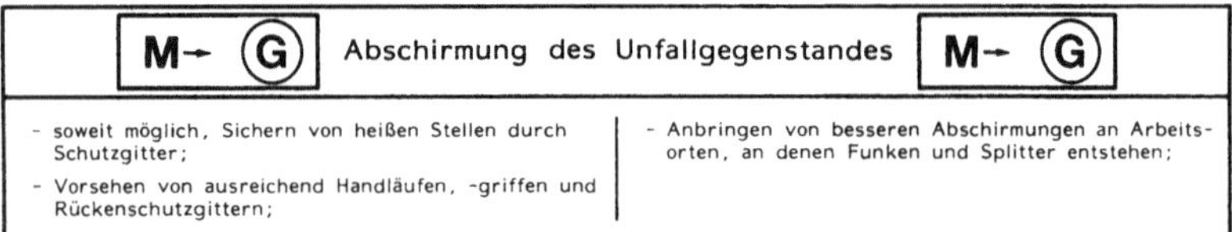

Abb. 8-6: Maßnahmen zur "Abschirmung des Unfallgegenstandes"

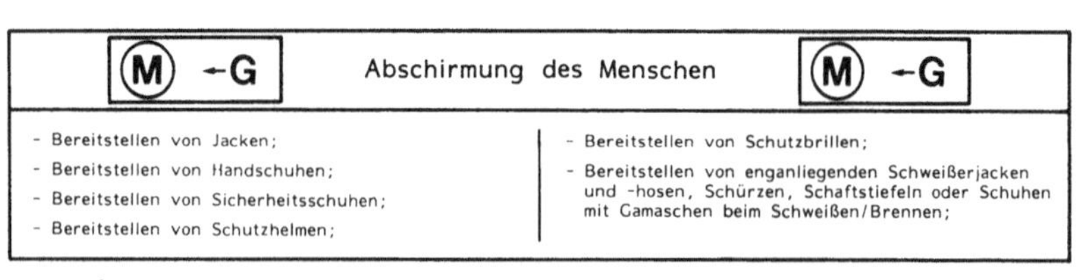

Abb. 8-7: Maßnahmen zur "Abschirmung des Menschen"

Maßnahmen zur Anpassung des Menschen sind in Belehren, Hinweisen und Schulen über das Tragen von Schutzkleidung, Belehren,

Hinweisen und Schulen über den sachgerechten Gebrauch von Gegenständen und Belehren, Hinweisen und Schulen über sicherheitsgerechtes Verhalten sowie technische Maßnahmen zur Beeinflussung des menschlichen Verhaltens einteilbar.

M⤙ –G Anpassung des Menschen 

Belehren, Hinweisen und Schulen über das Tragen von Schutzkleidung

- Schulen über das Tragen von Jacken; Kontrollieren;
- Schulen über das Tragen von Handschuhen; Kontrollieren;
- Schulen über das Tragen von Sicherheitsschuhen; Kontrollieren;
- Schulen über das Tragen von Schutzhelmen; Kontrollieren;

- Schulen über das Tragen von Schutzbrillen; Kontrollieren;
- Schulen über das Tragen von enganliegenden Schweißerjacken und -hosen, Schürzen, Schaftstiefeln oder Schuhen mit Gamaschen beim Schweißen/Brennen; Kontrollieren;

Belehren, Hinweisen und Schulen über den sachgerechten Gebrauch von Gegenständen

- intensiveres Schulen der Kranführer über Lastenbewegen mit dem Kran; Kontrollieren;
- intensiveres Schulen der Instandhalter über Lastenbewegen mit dem Kran (z.B. Handhabung von Anschlagmitteln); Kontrollieren;
- Hinweisen, daß unbenutztes Anschlaggeschirr hoch zu hängen ist; Kontrollieren;
- gemeinsames Schulen der Kranführer und Instandhalter bezüglich Lastenbewegen mit dem Kran (Team); Kontrollieren;
- Hinweisen, klare Zeichensprache beim Lastenbewegen mit dem Kran zu verwenden; Kontrollieren;

- Schulen und Belehren über die Funktion der Anlage;
- Schulen im sachgerechten Umgang mit Zerspanmaschinen; Kontrollieren;
- Schulen im sachgerechten Umgang mit Trenn- und Schneidemaschinen; Kontrollieren;
- Schulen im sachgerechten Gebrauch geeigneten Handwerkzeugs; Kontrollieren;
- Schulen im Umgang mit Schweiß- und Brenngeräten (ggf. nur Instandhalter mit Schweißerbrief einsetzen); Kontrollieren;
- Schulen über sachgerechtes Lagern; Kontrollieren;

Belehren, Hinweisen und Schulen über sicherheitsgerechtes Verhalten

- Hinweisen, daß auf die Temperatur der zu transportierenden Gegenstände zu achten ist;
- Hinweisen auf sicherheitsgerechtes Begehen; Kontrollieren;
- Schulen über sachgerechtes Lastenbewegen von Hand (z.B. Lasten zu zweit oder mehreren Personen bewegen; Transporthilfsmittel benutzen: z.B. Kräne, Wagen, Sackkarren, Schildkröten); Kontrollieren;
- Schulen über Ordnung und Sauberkeit; Kontrollieren;
- Schulen über Ordnung und Sauberkeit während der Arbeit; Kontrollieren;
- Belehren über Reinigen und vollständiges Aufräumen nach Arbeitsabschluß; Kontrollieren;
- Belehren über Aufräumungs- und Reinigungsarbeiten als vollwertige, verantwortungsvolle Arbeitsgänge;
- Hinweisen auf gewissenhafte Standortwahl bei Schweißarbeiten; Kontrollieren;

- Hinweisen, daß auf die Temperatur der zu montierenden/demontierenden Gegenstände zu achten ist;
- Hinweisen, daß auf die Temperatur der beim Schweißen erhitzten Teile zu achten ist;
- Schulen der jüngeren Arbeitnehmer über sicherheitsgerechtes Verhalten, Funktion der Anlage und Ausführung der Arbeitsaufgaben; Kontrollieren;
- Schulen der Arbeitsplatzneulinge über sicherheitsgerechtes Verhalten, Funktion der Anlage und Ausführung der Arbeitsaufgaben; Kontrollieren;
- Schulen der angelernten Arbeitnehmer über sicherheitsgerechtes Verhalten, Funktion der Anlage und Ausführung der Arbeitsaufgaben; Kontrollieren;
- Schulen der ausländischen Arebeitnehmer über sicherheitsgerechtes Verhalten, Funktion der Anlage und Ausführung der Arbeitsaufgaben; Kontrollieren;
- Schulen der Arbeitskräfte (auch Deutsche), die nicht über ausreichende Kenntnisse der deutschen Sprache verfügen;

Durchführen technischer Maßnahmen

- Kennzeichnen und Beleuchten aller häufig zu begehenden Flächen;

- Markieren von Gehwegen; Kennzeichnen von speziellen Gefahrenbereichen;

Abb. 8-8: Maßnahmen zur "Anpassung des Menschen"

Zusammenfassend läßt sich festhalten: Sowohl das Zusammenwirken der entwickelten Methode mit den weiteren Arbeitsschritten zur

Erhöhung der Arbeitssicherheit als auch die Praktikabilität der Methode konnten nachgewiesen werden. Darüberhinaus konnten Lösungsvorschläge zur Verminderung von Gefährdungen bei Instandhaltungsarbeiten für einen besonders gefährdeten Bereich ermittelt werden.

9 Bewertung der komplex mehrdimensionalen Unfallanalyse

In diesem Kapitel wird auf Basis der voranstehenden Ausführungen eine kritische Bewertung der komplex mehrdimensionalen Unfallanalyse vorgenommen. Insbesondere wird hierbei auf die Entwicklung der Methode in Kapitel 7 sowie die Erfahrungen aus dem exemplarischen Einsatz der Methode und der Analyse der ermittelten Gefährdungen (Kapitel 8) zurückgegriffen. Im folgenden werden sowohl die Chancen als auch die Grenzen der Methode diskutiert.

Die Arbeit der Fachkräfte für Arbeitssicherheit muß in den nächsten Jahren von dem wichtigen Ziel bestimmt sein, die große Masse der Instandhaltungsunfälle zu reduzieren. Mit Hilfe der komplex mehrdimensionalen Unfallanalyse können die existierenden, zu Unfällen führenden Gefährdungen bei Instandhaltungsarbeiten schwerpunktartig ermittelt werden. Zu hoffen ist, daß die Reduzierung der großen Masse der Instandhaltungsunfälle möglichst rasch erreicht und die entwickelte Methode somit überflüssig wird. Es ist nicht Aufgabe der Methode, Gefährdungen zu ermitteln, die Spezialfälle darstellen - d.h. Unfälle mit sehr speziellen Unfallbedingungen. Hierfür sind andere Gefährdungsanalysen einsetzbar (vgl. Kapitel 6.2.2).

Die komplex mehrdimensionale Unfallanalyse kann darüber hinaus nicht eingesetzt werden, wenn Gefährdungen in Bereichen ermittelt werden sollen, in denen Unfälle wegen katastrophaler Folgen - wie z.B. in der Reaktortechnik oder der Luft- und Raumfahrt - unbedingt zu vermeiden sind.

Wie die Erfahrungen mit der komplex mehrdimensionalen Unfallanalyse zeigen, stellen die Ergebnisse der Methode eine gute Grundlage für die Bedingungsanalyse dar (vgl. Kapitel 8). Mit der Methode werden nicht nur Gefährdungen ermittelt, sondern auch Daten für die Bedingungsanalyse aufbereitet; aus diesem

Grund kann die entwickelte "Methode zur Ermittlung" auch "Analyse 1. Ordnung" genannt werden (vgl. Kapitel 4.1).

Die komplex mehrdimensionale Unfallanalyse ersetzt nicht die heute zur Anwendung kommenden Methoden des "sicherheitsgerechten Konstruierens", sondern ist vielmehr als Ergänzung zu diesen zu verstehen. Sie macht andere Methoden nicht überflüssig - wie z.B. die eindimensionale Unfallanalyse - wenn beispielsweise Gefährdungen von Problemgruppen bzw. -bereichen analysiert werden sollen (z.B. hohe Unfallhäufigkeit bei jungen Arbeitnehmern oder Ausländern) (vgl. Kapitel 6.2.3.1).

Der Einsatz der komplex mehrdimensionalen Unfallanalyse zeigt (vgl. FORSCHUNGSINSTITUT FÜR RATIONALISIERUNG 1987),daß sich erstens die Erfassung der Unfälle über mindestens 10^5 Stunden erstrecken und zweitens mindestens 350 Unfälle erhoben werden sollen, um ein gut interpretierbares Ergebnis zu erhalten. Werden diese Erfahrungswerte unterschritten, so ist mit einem größeren Unsicherheitsfaktor bei der Interpretation der Ergebnisse zu rechnen.

Der Einsatz der komplex mehrdimensionalen Unfallanalyse bei Instandhaltungsarbeiten bietet einige entscheidende Vorteile gegenüber anderen Gefährdungsanalysen:

1. Die Instandhaltungsaufgaben, die eine höhere Komplexität aufweisen als Aufgaben anderer Produktionsbereiche, werden im Rahmen der komplex mehrdimensionalen Unfallanalyse umfassend berücksichtigt (vgl. Kapitel 6.2.3.3). Dies ist z.B. bei der Arbeitsplatzsicherheitsanalyse nicht möglich.

2. Die Instandhaltungsobjekte, deren Komplexität höher ist als die in anderen Produktionsbereichen, können bei der Anwendung der in dieser Arbeit ermittelten Methode vollständig beachtet werden (vgl. Kapitel 6.2.3.3).

3. Die verhaltensspezifischen Einflüsse, die im Rahmen von
   Instandhaltungsarbeiten besonders groß sind, werden in der
   komplex mehrdimensionalen Unfallanalyse gewürdigt (vgl.
   Kapitel 6.2.3.3). Dies ist z.B. bei der Ereignisablaufanalyse nicht möglich.

4. Die komplex mehrdimensionale Unfallanalyse ermöglicht es,
   wenn die o.g. Erfahrungswerte[1] eingehalten werden, alle
   Gefährdungen zu ermitteln, die "wahrscheinlich" bzw. "ziemlich wahrscheinlich" zu Unfällen führen. Es werden keine
   Gefährdungen ermittelt, die keine praktische Bedeutung für
   die Arbeit der Sicherheitsfachkräfte haben; d.h. es werden
   keine Gefährdungen ermittelt, die sich nur mit einer "sehr
   geringen Wahrscheinlichkeit" in Unfällen konkretisieren;
   letztgenannte Gefährdungen werden z.B. von der Arbeitssicherheitsanalyse oder prudentativen Unfallanalyse ermittelt.

5. Die Ergebnisse, die mit der komplex mehrdimensionalen Unfallanalyse abgeleitet werden können, sind reproduzierbar
   (vgl. Kapitel 6.2.3); dies ist z.B. nur bedingt bei den
   Ergebnissen der Fehlerbaumanalyse möglich. Am Rande sei
   noch vermerkt, daß die Ergebnisse nur so gut sein können
   wie die zur Verfügung stehenden Eingangsdaten. Bei der
   Anwendung der komplex mehrdimensionalen Unfallanalyse wird
   auf Daten von Unfallmeldebögen zurückgegriffen. Dieser Rückgriff kann als weitgehend problemlos angesehen werden, da im
   Rahmen der Unfallmeldung in der überwiegenden Zahl der
   Fälle die Angaben der Verunglückten durch Angaben von Unfallbeteiligten und Zeugen des Unfallhergangs sowie durch
   nachprüfbare Unfallumstände und Unfallfolgen (z.B. Verletzungsart und beschädigte Gegenstände) überprüft werden
   (können). Trotz intensiver Recherchen sind falsche Angaben
   jedoch nicht vollständig auszuschließen. Bei der Bestimmung

---

[1] Erfassung über mindestens 10^5 Stunden und Erhebung von
mindestens 350 Unfällen.

des Merkmals "Unfallgegenstand" ist darauf zu achten, daß der unfallauslösende Gegenstand korrekt angegeben wird (vgl. Kapitel 7.2.1).

6. Die komplex mehrdimensionale Unfallanalyse kann als praktikabel angesehen werden, da die Anwendung ohne mathematische Vorkenntnisse vorgenommen werden kann und übersichtlich bleibt, sowie keine Hilfsmittel notwendig sind, die nicht in den Arbeitssicherheitsabteilungen der Unternehmen zur Verfügung stehen (vgl. Kapitel 6.2.3.3). Die Praxisnähe wird insbesodere in Kapitel 8 deutlich.

7. Darüber hinaus ist die Anwendung der Methode effizient; die Gefährdungen können schwerpunktmäßig ermittelt werden (vgl. Kapitel 5.5 und Kapitel 6.2.3.3).

Die komplex mehrdimensionale Unfallanalyse ist die einzige Methode zur Ermittlung von Gefährdungen, die sämtliche aufgeführten Vorteile aufweist.

10 Zusammenfassung und Ausblick

Etwa ein Viertel aller tödlichen Arbeitsunfälle in der gewerblichen Wirtschaft ereignen sich bei Instandhaltungsarbeiten. Der Anteil der Instandhaltungsunfälle wird sich - wie bereits in den letzten Jahren geschehen - u.a. durch die Einführung neuer Technologien weiter erhöhen.

Obwohl diese Entwicklung seit Jahren bekannt ist und in zahlreichen Veröffentlichungen auf die Notwendigkeit von entsprechenden Analysen hingewiesen worden ist, wurde noch keine systematische Untersuchung des Unfallgeschehens bei Instandhaltungsarbeiten vorgenommen. Außerdem existiert bisher keine Methode zur Ermittlung von Gefährdungen bei Instandhaltungsarbeiten, die die speziellen Randbedingungen dieses Bereiches berücksichtigt, wie z.B. ständig wechselnde Arbeitsorte der Instandhaltungshandwerker.

Vor diesem Hintergrund erschien es notwendig, eine Methode aufzubauen, mit deren Hilfe Gefährdungsschwerpunkte bei Instandhaltungsarbeiten ermittelt werden können. Sie sollte so angelegt sein, daß sie aussagefähige und reproduzierbare Ergebnisse liefert sowie bei einer hohen Effizienz leicht anwendbar ist.

Der Aufbau der Methode erforderte zunächst die Zusammenstellung der möglichen Methoden zur Ermittlung von Gefährdungen. Mit Hilfe von Kriterien, die sich aus der Zielsetzung der Arbeit ergeben, konnte die Auswahl einer Methode für die angegebene Problemstellung erfolgen. Die verschiedenen Möglichkeiten zur Ermittlung von Gefährdungen wurden systematisiert und bezüglich ihrer Vor- und Nachteile beschrieben; eine entsprechende Aufstellung existiert in der Literatur bisher nicht. Da für einzelne Methoden bis zu zehn verschiedene Namen gebräuchlich sind, wurde unter Beachtung der bestehenden Begriffe auch die Namensgebung systematisiert. Die ausgewählte Methode - die komplex mehrdimensionale Unfallanalyse -, die bisher nur als

Modellansatz existierte und deren Einsetzbarkeit noch nicht systematisch nachgewiesen worden war, wurde für die Instandhaltung umfassend aufgebaut werden. Die relevanten Merkmale zu ihrer Durchführung wurden unter Verwendung einer Clusteranalyse hergeleitet. Eine leichte Umsetzbarkeit der entwickelten Methode in die Praxis kann dadurch gewährleistet werden, daß die einzelnen Arbeitsschritte für den Praktiker ausreichend beschrieben wurden. Die Brauchbarkeit der Ergebnisse der neuen Methode konnte durch einen Vergleich mit den Ergebnissen, die durch eine Clusteranalyse erreichbar sind, nachgewiesen werden. Die Clusteranalyse eignete sich für diesen Nachweis, da ihre Einsetzbarkeit in der Sicherheitswissenschaft im Rahmen von wissenschaftlichen Arbeiten bewiesen worden ist.

Zum Abschluß der Arbeit erfolgte ein exemplarischer Praxiseinsatz der Methode, um für einen begrenzten Bereich die Praktikabilität und das Zusammenwirken der Arbeitsschritte der entwickelten Methode mit den weiteren Arbeitsschritten zur Erhöhung der Arbeitssicherheit zu demonstrieren.

Mit der vorliegenden Arbeit wurde eine allgemeingültige Methode zur Ermittlung von Gefährdungsschwerpunkten bei Instandhaltungsarbeiten aufgebaut, die zur Erhöhung der Arbeitssicherheit in allen Unternehmen eingesetzt werden kann. Da zu vermuten ist, daß die für die Instandhaltung erstmals erprobte Methode auch in anderen Bereichen der Produktion - wie z.B. in der Fertigung - mit Erfolg angewendet werden kann, müßte ein entsprechender Nachweis für die Einsetzbarkeit in den entsprechenden Bereichen - ggf. mit der in dieser Arbeit verwendeten Vorgehensweise - geführt werden.

11 Literaturverzeichnis

Abkürzungen:

BAU   Bundesanstalt für Arbeitsschutz (früher: Bundesan-
                stalt für Arbeitsschutz und Unfallforschung)

bifa   Bundesinstitut für Arbeitsschutz

Die BG/BS   Die Berufsgenossenschaft/Betriebssicherheit
                (Zeitschrift)

Die BG   Die BG - Zeitschrift für Arbeitssicherheit und
                Unfallversicherung (Zeitschrift)

FB/IE   Fortschrittliche Betriebsführung und Industrial
                Engineering (Zeitschrift)

FIR   Forschungsinstitut für Rationalisierung e.V. an
                der RWTH Aachen

HVBG   Hauptverband der gewerblichen Berufsgenossen-
                schaften e.V.

MM   Maschinenmarkt (Zeitschrift)

TÜV   Technischer Überwachungsverein e.V.

WiSt   Wirtschaftswissenschaftliches Studium (Zeitschrift)

ZfA   Zeitschrift für Arbeitswissenschaft (Zeitschrift)

ABT, W.:   Unfallanlyse 1977.
                        Bonn 1979.

ABT, W.:   Unfallanlyse 1980.
                        Bonn 1982.

BACKHAUS, K. u.a.:   Multivariate Analysemethoden.
                        4. Auflage.
                        Berlin, Heidelberg, New York (NY, USA)
                        u.a. 1986.

BAMBERG, G.;   Statistik.
BAUR, F.:   4. Auflage.
                        München, Wien (A) 1985.

- 139 -

BAUMANN, H.G.:   Stahlstranggießanlage.
Düsseldorf 1976.

BECKER, W.:   Arbeitssicherheit in der Instandhaltung.
Köln 1986.

BOCK, H.H.:   Automatische Klassifikation.
Göttingen 1974.

BONEFELD, X.;
MACHELEIDT, M.:   Erhöhung der Arbeitssicherheit am Arbeitsplatz Drehmaschine.
In: Arbeitssicherheit in der Stahlindustrie (II).
Bremerhaven 1979, S. 159-218.
(BAU-Bericht, F 207).

BONEFELD, X.;
MACHELEIDT, M.;
KRÖGER, U.:   Erhöhung der Arbeitssicherheit beim Betrieb von Elektro-Stahlöfen und Konvertern.
In: Arbeitssicherheit in der Stahlindustrie (I).
Bremerhaven 1979, S. 7-51.
(BAU-Bericht, F 206).

BORGES, A.;
HARTUNG, P.:   Gefährdungszusammenhänge und Übersichtlichkeit bei Methoden zur Ermittlung von Unfällen.
Studie am Forschungsinstitutes für Rationalisierung - FIR.
Aachen RWTH 1984.

BORGES, A.;
HARTUNG, P.:   Unfallursachen bei Instandhaltungsarbeiten und deren Vermeidung in Kokillenguß- und Stranggußbetrieben.
Aachen RWTH (Forschungsinstitut für Rationalisierung - FIR) 1985.

BORGES, A.;
HARTUNG, P.:   Mehr Sicherheit bei Instandhaltungsarbeiten.
In: Sicherheitsingenieur, Heidelberg 18(1987)6, S. 24-30.
(Forschungsinstitut für Rationalisierung - FIR - RWTH Aachen).

BRIEF, U.:   Entwicklung und Erprobung eines EDV-gestützten Verfahrens zur Feinplanung von Standardsystemen der Produktionsplanung und -steuerung im Maschinenbau.
Aachen RWTH (Forschungsinstitut für Rationalisierung - FIR) Diss. 1984.

BUNDESANSTALT FÜR AR-   Ausbildung Sicherheitsfachkräfte,
BEITSSCHUTZ UND UN-   Grundlehrgang A und Grundlehrgang B.
FALLFORSCHUNG;   Köln 1976/1977.
HAUPTVERBAND DER GE-
WERBLICHEN BERUFSGE-
NOSSENSCHAFTEN (Hrsg):

BUNDESMINISTER FÜR   Arbeitssicherheit '86,
ARBEIT UND SOZIAL-   Unfallverhütungsbericht.
ORDNUNG (Hrsg.):   Bonn 1986.

BURGER, H.:   Das Wissenschaftsbild des Arbeits-
                           schutzes.
                           Bremerhaven 1975.
                           (BAU-Bericht, F 144).

COCHRAN, W.G.:   Sampling Techniques.
                           New York (NY, USA), Santa Barbara
                           (CA, USA) u.a. 1977.

COMPES, P.C.:   Wirtschaftliche Auswirkungen von Be-
                           triebsunfällen - dargestellt an einer
                           Untersuchung in einem Automobilwerk.
                           Aachen RWTH (Forschungsinstitut für Ra-
                           tionalisierung - FIR) Diss. 1963.

COMPES, P.C.:   Sicherheitstechnisches Gestalten - Ge-
                           danken zur Methodik und Systematik im
                           projektiven und konstruktiven Maschi-
                           nenschutz.
                           Aachen RWTH (Forschungsinstitut für Ra-
                           tionalisierung - FIR) Habil.-Schrift
                           1970.

DECLAIR, J.:   Mitwirkung der Sicherheitsfachkraft beim
                           Aufbau der planmäßigen Instandhaltung.
                           In: Die BG, Berlin, Bielefeld, München
                           (1982)1, S. 25-26.

DICHTL, E.;   Zur Verläßlichkeit der Ergebnisse em-
KAISER, A.:   pirischer Untersuchungen.
                           In: WiSt, München 7(1978)10, S. 490-492.

DIN 25 419:   Ereignisablaufanalyse.
                           Berlin 1985.

DIN 25 424, Teil 1:   Fehlerbaumanalyse.
                           Berlin 1981.

DIN 25 448:   Ausfalleffektanalyse.
                           Berlin 1980.

DIN 31 051:   Instandhaltung.
                           Berlin 1982.

EBERS, W. u.a.: Begriffsbestimmung aus Lohntechnik und Arbeits- und Zeitstudium. Düsseldorf 1967.

ECKES, T.; ROSSBACH, H.: Clusteranalysen. Stuttgart 1980.

FERRY, T.S.: Modern accident investigation and analysis - An executive guide. New York (NY, USA), Santa Barbara (CA, USA) u.a. 1981.

EMONTS'BOTS, M.: Anwendung neuer statistischer Methoden auf Unfälle bei Instandhaltungsarbeiten - Eindimensionale Auswertung. Aachen RWTH (Forschungsinstitut für Rationalisierung - FIR) Studienarbeit 1987.

FORSCHUNGSINSTITUT FÜR RATIONALISIERUNG (Hrsg.): Einsatz der komplex mehrdimensionalen Unfallanalyse und Ermittlung von Maß- nahmen zur Erhöhung von Arbeitssicher- heit. Studie am Forschungsinstitutes für Rationalisierung - FIR. Aachen RWTH 1987.

FREI, R.: Neuere Methoden der Unfallverhütung für hohe Risiken unter besonderer Berück- sichtigung des schweizerischen Insti- tuts für Nuklearforschung Villingen (SIN). Zürich (CH) ETH Diss. 1975.

FRIELING, E.: Psychologische Probleme der Arbeitsana- lyse - dargestellt an Untersuchungen zur Position Analysis Questionnaire (PAQ). München TU Diss. 1974.

FRÖHNER, K.D.: Welche Vor- und Nachteile hat die ge- plante Instandhaltung für die Mitarbei- ter in diesem Bereich? In: REFA-Nachrichten, Darmstadt 36(1983)6, S. 20-23.

GIESE, F.: Philosophie der Arbeit. Halle a.S. 1932.

GNIZA, E.: Methoden zur Unfallermittlung und Un- fallstatistik. Berlin (Ost) 1958.

GREENE, K.B. DE
(Hrsg.):
Systems and Psychology.
In: Systems psychology.
New York (NY, USA) 1970, S. 3-50.

GRIMALDI, J.V.;
SIMONDS, R.H.:
Safety Management.
3. Auflage.
Homewood (IL, USA) 1975.

GÜRTLER, H.:
Die Gestaltung von Reparaturarbeits-
plätzen und ihr Einfluß auf das Unfall-
risiko.
Bremerhaven 1980.
(BAU-Bericht, B 75).

GÜTTLER, E.:
Entwicklung und Anwendung eines Klassifikationsverfahrens für Gruppen an-
forderungsähnlicher Arbeitsplätze.
Aachen RWTH (Forschungsinstitut für Rationalisierung - FIR) Diss. 1978.

HACKSTEIN, R.:
Arbeitswissenschaft im Umriß.
Band 1: Gegenstand und Rechtsverhält-
nisse.
Essen 1977. (=1977a).
(Forschungsinstitut für Rationalisierung
- FIR - RWTH Aachen).

HACKSTEIN, R.:
Arbeitswissenschaft im Umriß.
Band 2: Grundlagen und Anwendung.
Essen 1977. (=1977b).
(Forschungsinstitut für Rationalisierung
- FIR - RWTH Aachen).

HACKSTEIN, R.;
KLEIN, W.:
Informationswesen in der Instandhaltung.
In: FB/IE, Darmstadt 36(1987)5,
S.241-245.
(Forschungsinstitut für Rationalisierung
- FIR - RWTH Aachen).

HAGENKÖTTER, M. u.a.:
Bemerkungen und Thesen zum Arbeits-
schutz.
Bremerhaven 1973.
(BAU-Bericht).

HAGENKÖTTER, M.:
Konzeptioneller Arbeitsschutz in der
Nichtbetriebsphase.
In: Instandhaltungssymposium.
Hrsg.: TÜV/BAU.
Köln 1977, S. 33-45.

- 143 -

HAMMER, W.;   Multivariate Analysen zur Beschreibung
THAER, G.;   von Zusammenhängen zwischen Unfallbe-
KEMÉNY, P.:   dingungen und Unfallfolgen - darge-
                   stellt am Beispiel von Leiterunfällen.
                   In: ZfA, Köln 40(12NF)(1986)1, S. 7-12.
                   (=1986a).

HAMMER, W.;   Mehrfaktorielle, log-lineare Analyse der
THAER, G.;   Häufigkeit von Unfällen.
KEMÉNY, P.:   Bericht des Institutes für Betriebs-
                   technik.
                   Braunschweig 1986. (=1986b).

HARTMANN, W.L.:   Arbeitswissenschaftliche Methoden im
                   Dienste der Unfallverhütung.
                   Zürich (CH) ETH Habil.-Schrift 1967.

HARTUNG, P.:   Augen auf beim Software-Kauf.
                   In: Instandhaltung, Landsberg 13(1985)2,
                   S. 14-17.
                   (Forschungsinstitut für Rationalisierung
                   - FIR - RWTH Aachen).

HARTUNG, P.:   Unfallschwerpunkt Instandhaltung -
                   FIR-Studie zur Arbeitssicherheit in der
                   Eisen und Stahlindustrie.
                   In: FIR-Mitteilungen, Aachen RWTH
                   18(1986)4, S. 3.

HARTUNG, P.:   Unfallschwerpunkt Instandhaltung.
                   In: ZfA, Köln 41(13NF)(1987)3,
                   S. 142-146. (=1987a).
                   (Forschungsinstitut für Rationalisierung
                   - FIR - RWTH Aachen).

HARTUNG, P.:   Darstellung einer Methode zur Ermittlung
                   von Unfallschwerpunkten bei Instandhal-
                   tungsarbeiten.
                   In: Vortragskurzfassungen des 20. Deut-
                   schen Kongresses für Arbeitsschutz und
                   Arbeitsmedizin.
                   Düsseldorf 1987. (=1987b).
                   (Forschungsinstitut für Rationalisierung
                   - FIR - RWTH Aachen).

HARTUNG, P.:   Umfrage zu Unfällen an Stranggußan-
                   lagen.
                   Studie am Forschungsinstitutes für
                   Rationalisierung - FIR.
                   Aachen RWTH 1987. (=1987c).

HARTUNG, P.:   Wirtschaftliche und arbeitsschutztechni-
sche Gestaltung der Instandhaltung in
Klein- und Mittelunternehmen beim Ein-
satz neuer Technogolien.
Skript eines geplanten BAU-Berichtes.
Bremerhaven 1988. (=1988a).
(BAU-Bericht, F 1109).
(Forschungsinstitut für Rationalisierung
- FIR - RWTH Aachen).

HARTUNG, P.:   Auch nicht-meldepflichtige Unfälle
müssen in Unfallanalysen berücksichtigt
werden.
Vorgesehene Veröffentlichung in der
Zeitschrift Sicherheitsingenieur.
Heidelberg 1988. (=1988b).
(Forschungsinstitut für Rationalisierung
- FIR - RWTH Aachen).

HENTER, A.;
HERMANNS, D.;
MILARCH, R.:   Tödliche Arbeitsunfälle 1978.
Bremerhaven 1980.
(BAU-Bericht, F 235).

HENTER, A.;
HERMANNS, D.:   Tödliche Arbeitsunfälle 1980.
Bremerhaven 1985.
(BAU-Bericht, F 403).

HENTER, A.;
HERMANNS, D.:   Tödliche Arbeitsunfälle 1981/1982.
Auszug eines geplanten BAU-Berichtes.
Dortmund 1987. (=1987a).

HENTER, A.;
HERMANNS, D.:   Tödliche Arbeitsunfälle 1984/1985.
Auszug eines geplanten BAU-Berichtes.
Dortmund 1987. (=1987b).

HILDEBRANDT, F.:   Leitfaden zur Vorlesung Arbeitsinge-
nieurwesen I.
Aachen RWTH (Lehrstuhl und Institut für
Arbeitswissenschaft - IAW) 1985.

HILL, W.;
FEHLBAUM, R.;
ULRICH, P.:   Organisationslehre.
Band 1.
Bern (CH), Stuttgart 1974.

HOYOS, C. GRAF: Arbeitspsychologie.
Stuttgart, Berlin, Köln, Mainz 1974.

HOYOS, C. GRAF: Psychologische Unfall- und Sicherheits-
forschung.
Stuttgart, Berlin, Köln, Mainz 1979.

HOYOS, C. GRAF;   Handlungsorientierte Gefährdungsanalysen
GOCKELN, R.;   an Unfallschwerpunkten der Stahlindu-
PALECEK, H.:   strie.
                         In: ZfA, Köln 35(7NF)(1981)3,
                         S. 146-149.

IG-METALL (Hrsg.):   Sicherheitsanalyse.
                         Frankfurt a.M. o.J.
                         (Schriftenreihe Arbeitssicherheit,
                         Heft 6).

IHM, P.;   Linerare algebraische Methoden in der
TRAUTNER, R.;   numerischen Taxonomie.
WOLF, H.:   In: Biometrical Journal, Berlin (Ost)
                         13(1971), S. 161-202.

JANSEN, K.;   Beitrag zur Entwicklung optimaler Un-
GWIESSNER, S.:   fallstatistiken in einem mittelgroßen
                         Betrieb.
                         Bremerhaven 1972.
                         (BAU-Bericht, F 25).

JÜTTING, W.:   Methode zur wirtschaftlichen Gestaltung
                         der auftragsbezogenen Arbeitsplanung
                         in der Instandhaltung.
                         Aachen RWTH (Forschungsinstitut für Ra-
                         tionalisierung - FIR) Diss. 1985.

KEMÉNY, P.:   Einsatz der Cluster-Analyse zur Bestim-
                         mung von Zielgruppen für die Unfallver-
                         hütung in der gesetzlichen Schüler-
                         Unfallversicherung.
                         In: Proceedings in Operations Research
                         (Vol. 8).
                         Würzburg, Wien (A) 1979, S. 201-206.

KLEIN, W.:   Entwicklung von Entscheidungshilfen für
                         die anforderungsgerechte Gestaltung des
                         Informationswesens in der Instandhal-
                         tung.
                         Aachen RWTH (Forschungsinstitut für
                         Rationalisierung - FIR) Diss. 1987.

KOMMISSION DER   Studie über die Kausalität der schweren
EUROPÄISCHEN   Arbeitsunfälle in Lothringen.
GEMEINSCHAFT (Hrsg.):   Brüssel (B), Luxemburg (L) 1982.

KRÜGER, W.:   Organisation der Unternehmen.
                         Stuttgart, Berlin, Köln, Mainz 1984.

KUBICEK, H.:   Empirische Organisationsforschung.
                         Stuttgart 1975.

KUHLMANN, A.:   Einführung in die Sicherheitswissen-
                                 schaft.
                                 Köln 1981.

KÜHNE, G.:   Anwendung von Methoden zur Erstellung
                                 von Sicherheitsanalysen.
                                 In: Sicherheitsanalyse nach der Stör-
                                 fall-Verordnung. Hrsg.: TÜV-Rheinland.
                                 Köln 1984, S. 139-155.

LINDACKERS, K.-H.:   Sicherheitsanalyse.
                                 In: Sicherheitsingenieur, Heidelberg
                                 4(1973)4, S. 178-182.

MÄNNEL, W.;   Sicherheitsgerechte Gestaltung von In-
BECKER, W.;   standhaltungsarbeiten.
SKRZYPEK-NEUBAUER, F.:   Bremerhaven 1985.
                                 (BAU-Bericht, S 18).

MARKS, R.;   Grundsätze und Methoden zur Erarbeitung
OBERBACH, M.;   von Arbeitsplatzsicherheitsanalysen.
PANSEGAU, C.:   In: Die BG/BS, Berlin,Bielefeld, München
                                 (1963)12, S.479-486.

MASCHINENBAU- UND   Einrichtungen sicher instandhalten.
KLEINEISENBERUFSGE-   In: sicher arbeiten, Düsseldorf (1985)4,
NOSSENSCHAFT (Hrsg.):   S. 95-102.

MATTHES, H.:   Systemanalyse im Bereich der Arbeits-
                                 wissenschaften.
                                 In: Wirtschaftlichkeit, Wien (A)
                                 (1971)2, S. 73-75.

MEISENBACH, J.:   Gezielte Maßnahmen zur Erhöhung der
                                 Arbeitssicherheit durch Ermittlung der
                                 Unfallschwerpunkte.
                                 In: Moderne Unfallverhütung (Vol. 12).
                                 Essen 1969, S. 71-74.

MEISENBACH, J.:   Gefährdungsanalyse.
                                 In: Sicherheitsfachkräfte - Grundlehr-
                                 gang B. Hrsg: BAU/HVBG.
                                 Köln 1977, S. 22/1 - 22/23.

MEUDT, J.;   Untersuchung zum Unfallgeschehen beim
REFFLINGHAUS, K.:   Belegen von Ofenrosten in Vergütereien.
                                 In: Arbeitssicherheit in der Stahlin-
                                 dustrie (I).
                                 Bremerhaven 1979, S. 157-192.
                                 (BAU-Bericht, F 206).

MEYER, F.W.: Entwicklung einer rechnergestützten Methode zum Vergleich von Anforderungs- und Fähigkeitsprofilen - ein Beitrag zum Aufbau von Arbeitsplatz- und Personalinformationssystemen. Aachen RWTH (Forschungsinstitut für Rationalisierung - FIR) Diss. 1973.

MEYNA, A.: Einführung in die Sicherheitstheorie. Wuppertal Uni-GH Habil.-Schrift. 1982.

MITTENECKER, E.: Methoden und Ergebnisse der psychologischen Unfallforschung. Wien (A) 1962.

MÜLLER, W.J.: Unfälle als unerwünschte Ereignisse in Systemen unter besonderer Berücksichtigung der Textilfaserverarbeitung. Zürich (CH) ETH Diss. 1976.

NAUHOLZ, F.W.: Die Bedeutung der geplanten Instandhaltung für die Arbeitssicherheit. In: Die BG, Berlin, Bielefeld, München (1982)1, S. 21-24.

NEUBERT, H.: Unfallschwerpunkte in der gewerblichen Wirtschaft. Bonn 1971.

NICK, H.: Rationalisierung im Mittelpunkt. In: Neues Deutschland, Berlin (Ost) (1971)99, S. 12.

NOHL, J.; THIEMECKE, H.: Systematik zur Durchführung von Gefährdungsanalysen. Skript eines geplanten BAU-Berichtes. Bremerhaven 1987. (BAU-Bericht, F 930).

PAHL, G.; SCHMIDT, E.: Wie sieht die Wissenschaft die Zukunft der Sicherheitstechnik? In: Sicherheitsingenieur, Heidelberg 4(1973)9, S. 404-419.

PAHL, G.: Intensivere Sicherheitsbetrachtung durch methodisches Konstruieren. In: Chemie-Ingenieur-Technik, Weinheim 47(1975)11, S. 457-464.

PETERREINS, R.: Sicherheitstechnische Untersuchungen über Möglichkeiten zum Verbessern der Arbeitssicherheit in Walzwerken. Bremerhaven 1974. (BAU-Bericht, F 117).

PETERS, O.H.;
MEYNA, A.:   Handbuch der Sicherheitstechnik.
                    München, Wien (A) 1985.

PITRA, L.:   Entwicklung und Erprobung eines Instru-
                    mentariums zur Auswahl von rechnerge-
                    stützten Systemen zur Grobplanung der
                    Produktion.
                    Aachen RWTH (Forschungsinstitut für Ra-
                    tionalisierung - FIR) Diss. 1982.

POTT, A.:   Clusteranalyse.
                    Aachen RWTH (Forschungsinstitut für
                    Rationalisierung - FIR) 1985.

PREIS, H.J.:   Arbeitssicherheit beim Einsatz von
                    Montage- und Handhabungsgeräten (Indu-
                    strieroboter).
                    In: Montage '78. Düsseldorf 1978,
                    S. 183-188.
                    (VDI-Bericht 323).

PUTTRICH, O.:   Analyse und Erfassung von Arbeitsanfor-
                    derungen.
                    In: Arbeitspsychologie für die indu-
                    strielle Praxis.
                    Berlin (Ost) 1969, S.143-158.

RAUSCHHOFER, H.-H.: Vorbeugende Instandhaltung ist ein
                    Garant auch für Sicherheit.
                    In: MM, Würzburg 87(1981)37, S. 737-740.

REFA (Hrsg.):   Methodenlehre des Arbeitsstudiums.
                    Teil 2: Datenerhebung.
                    6. Auflage.
                    München 1978.

REHTANZ, H.;
WIENHOLD, L.:   Arbeitsschutz im Betrieb.
                    Berlin (Ost) 1980.

RÖBENACK, K.-D.:   Zur Aussagegenauigkeit prospektiver
                    Gefährdungsanalysen.
                    In: Arbeitshygienische Informationen
                    Bauwesen, Berlin (Ost) 20(1984)4,
                    S. 141-144.

ROHMERT, W.:   Zur arbeitswissenschaftlichen Unter-
                    suchung des Systems "Mensch-Maschine".
                    In: Werkstatt und Betrieb, München 100
                    (1967)3, S. 227-230.

SACHS, L.:   Angewandte Statistik.
                    6. Auflage.
                    Berlin, Heidelberg u.a. 1984.

- 149 -

SCHMIDT, G.:   Erhebungstechniken.
                      In: Handwörterbuch der Organisation.
                      Hrsg.: Grochla, E.
                      Stuttgart 1969, Spalte 660-672.

SCHNABEL, B.:   Beitrag zur Quantifizierung organisato-
                      rischer Einflußgrößen auf die Durch-
                      laufzeit bei Werkstattfertigung.
                      Aachen RWTH (Forschungsinstitut für Ra-
                      tionalisierung - FIR) Diss. 1975.

SCHNADT, H.;   Ermittlung von Unfallschwerpunkten in
HEINATSCH, S.;   der chemischen Industrie.
KVASNICKA, E.:   Bremerhaven 1973.
                      (BAU-Bericht, F 105).

SCHNEIDER, B.:   Unfallstatistik - Probleme und Mög-
                      lichkeiten.
                      In: Die BG/BS, Berlin, Bielefeld,
                      München (1961)9, S. 364-368.

SCHNEIDER, B.:   Methoden zur Ermittlung betrieblicher
                      Unfallschwerpunkte - ein Beitrag zur
                      betrieblichen Unfallstatistik.
                      In: Moderne Unfallverhütung (Vol. 9).
                      Essen 1965, S. 53-60.

SCHNEIDER, B.:   Die Unfallstatistik als Grundlage.
                      In: Der Arbeitgeber, Köln 18(1966)9/10,
                      S. 258-260.

SCHNEIDER, B.:   Zum Informationswert nicht meldepflich-
                      tiger und meldepflichtiger Unfälle für
                      die betriebliche Unfallverhütung.
                      In: Die BG/BS, Berlin, Bielefeld,
                      München
                      (1969)1, S. 7-10 und
                      (1969)2, S. 43-45.

SCHNEIDER, B.:   Gefährdungsanalyse.
                      In: Sicherheitsfachkräfte - Grundlehr-
                      gang B. Hrsg.: BAU/HVBG.
                      Köln 1977, S. 21/1 - 21/12.

SCHNEIDER, B.:   Konzeption und Strategie der Arbeits-
                      sicherheit.
                      Wien 1984.

SCHOMBURG, E.:   Entwicklung eines betriebstypologischen
                      Instrumentariums zur systematischen Er-
                      mittlung der Anforderungen EDV-gestütz-
                      ter Produktionsplanungs- und -steue-
                      rungssysteme im Maschinenbau.
                      Aachen RWTH (Forschungsinstitut für Ra-
                      tionalisierung - FIR) Diss. 1980.

SCHULZ, U.:   Statistik als Grundlage der Unfallforschung.
Bonn 1973. (=1973a).

SCHULZ, U.:   Statistik als Grundlage der Unfallforschung.
In: Die Berufsgenossenschaft, Berlin,
Bielefeld, München (1973)9, S. 384-387.
(=1973b).

SEGGER, H.-R.;   Möglichkeiten zur Verhinderung von Ab-
ZIMOLONG, B.:   sturzunfällen.
Bremerhaven 1982.
(BAU-Bericht, F 314).

SHANNON, C.E.:   A Mathematical Theory of Communication.
In: The Bell Systems Technical Journal,
o.O.(USA) 27(1948), S. 623-656.

SILLER, E.:   Gedanken zum Thema Unfallverhütung.
In: Die Berufsgenossenschaften, Berlin,
Bielefeld, München (1970)5, S. 185-192.

SIMON, G.:   Wege zur erhöhten Arbeitssicherheit bei
Instandhaltungsarbeiten.
In: Sicherheit / Bergbau, Energiewirt-
schaft, Geologie, Metallurgie, Leipzig
25(1979)4, S. 82-83.

SKIBA, R.:   Entwicklung einer Methode zur perio-
denhaften Ermittlung von Unfallschwer-
punkten in einem Industriezweig.
Koblenz 1971.
(bifa-Bericht, E4).

SKIBA, R.:   Die Gefahrenträgertheorie.
Bremerhaven 1973.
(BAU-Bericht, F 106).

SKIBA, R.:   Statistische Erfassung von Unfallschwerpunkten.
In: Sicherheitsingenieur, Heidelberg
5(1974)10, S. 478-483.

SKIBA, R.;   Ergebnisse aus der Untersuchung des
KRÖGER, U.:   Unfallgeschehens in einer Gesenkschmie-
de.
In: Stahl und Eisen, Düsseldorf
96(1978)15, S. 717-723.

SKIBA, R.;
KRÖGER, U.:   Erhöhung der Arbeitssicherheit in einer
                     Gesenkschmiede unter besonderer Berück-
                     sichtigung des arbeitsplatznahen Trans-
                     portes.
                     In: Arbeitssicherheit in der Stahlin-
                     dustrie (I).
                     Bremerhaven 1979, S. 109-156.
                     (BAU-Bericht, F 206).

SKIBA, R.:   Taschenbuch Betriebliche Sicherheits-
                     technik.
                     Bielefeld 1980.

SKIBA, R.;
STENGER, M.:   Ermittlung und Analyse von Unfallschwer-
                     punkten im innerbetrieblichen Transport.
                     Opladen 1981.

SKIBA, R.:   Taschenbuch Arbeitssicherheit.
                     5. Auflage.
                     Bielefeld 1985.

SODEUR, W.:   Empirische Verfahren zur Klassifikation.
                     Stuttgart 1974.

SPÄTH, H.:   Cluster-Analyse-Algorithmen zur Objekt-
                     klassifizierung und Datenreduktion.
                     München, Wien (A) 1975.

STEINHAUSEN, D.;
LANGER, K.:   Clusteranalyse - Einführung in Methoden
                     und Verfahren der automatischen Klassi-
                     fikation.
                     Berlin, New York (NY, USA) 1977.

STENGER, M.:   Unfallschwerpunkte im innerbetrieblichen
                     Transport.
                     Wuppertal Uni-GH Diss. 1978.

STRACK, M.:   Entwicklung von Entscheidungshilfen zur
                     anforderungsgerechten Gestaltung einer
                     zentralen Werkstattsteuerung.
                     Aachen RWTH (Forschungsinstitut für Ra-
                     tionalisierung - FIR) Diss. 1986.

STRNAD, H.;
VORATH, B.-J.:   Sicherheitsgerechtes Konstruieren.
                     Köln 1984.

THIELE, B.:   Erste Auswertung der Befragung von
                     technischen Aufsichtsbeamten der Berufs-
                     genossenschaften und Beamten der Gewer-
                     beaufsicht.
                     Unveröffentlichtes Manuskript 1968,
                     zitiert bei SKIBA 1985, S. 33.

THIELE, B. u.a.:   Ermittlung und Analyse von Unfallschwerpunkten im Hochbau.
Koblenz 1969.
(bifa-Bericht, E1).

THIELE, B.:   Dokumentation zur Statistik der Unfallschwerpunkte.
Koblenz 1971.
(bifa-Bericht, E9).

THIEMECKE, H.:   Arbeitssicherheit, eine zwingende Forderung der ergonomischen Arbeitsgestal-
tung.
In: Stahl und Eisen, Düsseldorf
99(1979)13, S.680-685.

THOMAS, W.;   Zeit- und Kapazitätsplanung in indirek-
HEMMERS, K.:   ten Bereichen.
In: FB/IE, Darmstadt 30(1981)6,
S. 433-439.
(Forschungsinstitut für Rationalisierung
- FIR - RWTH Aachen).

UTH, H.-J.:   Möglichkeiten und Grenzen der Anwendung
systematischer Methoden im Hinblick auf
die Sicherheitsanalysen.
In: Sicherheitsanalyse nach der Stör-
fall-Verordnung. Hrsg.: TÜV-Rheinland.
Köln 1983.

VOGEL, F.:   Probleme und Verfahren der numerischen
Klassifikation.
Göttingen 1975.

WARNECKE, H.-J.: Arbeitssicherheit und Instandhaltung in
der Fertigungstechnik.
In: Instandhaltungssymposium.
Hrsg.: TÜV/BAU.
Köln 1977, S. 91-110.

WARNECKE, H.-J.; Sicherheit in der Instandhaltung im
UETZ, H.:   Bereich Fertigungstechnik.
In: MM, Würzburg 85(1979)28, S. 527-530.

WARNECKE, H.-J. Instandhaltung.
(Hrsg.):   Band 1: Grundlagen.
Köln 1981.

WEINGÄRTNER, J.: Entwicklung eines betriebstypologischen
Instrumentariums zur systematischen
Ermittlung der Anforderungen an eine In-
standhaltung.
Aachen RWTH (Forschungsinstitut für Ra-
tionalisierung - FIR) 1986.

WEISS, H.:   Automatische Klassifikation von Unfällen
                              als Verfahren der Unfallforschung.
                              Wuppertal Uni-GH Diss. 1987.

WERNER, E.;   Ansatz zu einer Strukturierung des In-
BAU, M.;   standhaltungssektors unter besonderer
ROHMANN, H.:   Berücksichtigung des Unfallrisikos bei
                              Instandhaltungsarbeiten.
                              Bremerhaven 1979.
                              (BAU-Bericht, F 566).

WIRTSCHAFTSVEREINI-   Integrierung der Arbeitssicherheit in
GUNG EISEN- UND   die Instandhaltung.
STAHLINDUSTRIE: Düsseldorf 1970.

WIRTSCHAFTSVEREINI-   Unfallstatistik,
GUNG EISEN- UND   Berichtsjahr 1985.
STAHLINDUSTRIE: Düsseldorf 1986.

ZIMOLONG, B. u.a.:   Gefährdungseinschätzung beim Rangieren.
                              Bremerhaven 1978.
                              (BAU-Bericht, F 194).

12   Anhang

Anhang 1   Merkmale und Merkmalsausprägungen, die im Rahmen der
            Clusteranalyse eingesetzt wurden

Anhang 2   Prinzipieller Aufbau einer Stranggußanlage

Anhang 3   Eindimensionale Analyse

Anhang 4   Mehrdimensionale Analyse

Anhang 1   <u>Merkmale und Merkmalsausprägungen, die im Rahmen der
Clusteranalyse eingesetzt wurden</u>

■ Merkmal "Tätigkeit zum Zeitpunkt des Unfalls"
- Lastenbewegen mit Hilfsmitteln
- Lastenbewegen von Hand
- Begehen
- Schweißen/Brennen
- Montieren/Demontieren
- Reinigen/Aufräumen
- sonstige Tätigkeiten

■ Merkmal "Unfallvorgang"
- Stürzen
- Getroffen werden
- Aufprallen auf Gegenstand
- Sicheinklemmen
- Überanstrengen
- Berühren elektrischen Stroms und extremer
  Temperaturen
- sonstige Unfallvorgänge

■ Merkmal "Unfallgegenstand"
- Maschine/Betriebsanlage
- Transportmittel/Förderanlage
- Handwerkzeug
- Treppe/Leiter/Gerüst
- gefährlicher Arbeitsstoff
- Splitter/Spritzer/Funke/Flamme
- sonstige Unfallgegenstände

■ Merkmal "Unfallort"
- Pfannensystem, Kräne
- Gießbühne incl. Kokillensystem
- Stütz- und Führungssystem
- Transport-Richtsystem

- Strangtrennsystem, Rollenbahn, Kühl- und Wende-
  bett, Fahrbolzensystem, Adjustage
- Instandhaltungswerkstatt und -stützpunkt
- Anlagen in der Pfannenwirtschaft, Stopfenmacherei und Verteilerrinnenwirtschaft sowie sonstige Unfallorte

■ Merkmal "Verletzungsart"
  - offene Wunde
  - Quetschung/Prellung
  - Knochenbruch
  - elektrischer Schlag
  - Verbrennung
  - Verätzung
  - sonstige Verletzungsarten

■ Merkmal "verletzter Körperteil"
  - Kopf
  - Rumpf (äußerlich)
  - Bein
  - Fuß
  - Arm
  - Hand
  - sonstige Körperteile

Anhang 2   Prinzipieller Aufbau einer Stranggußanlage

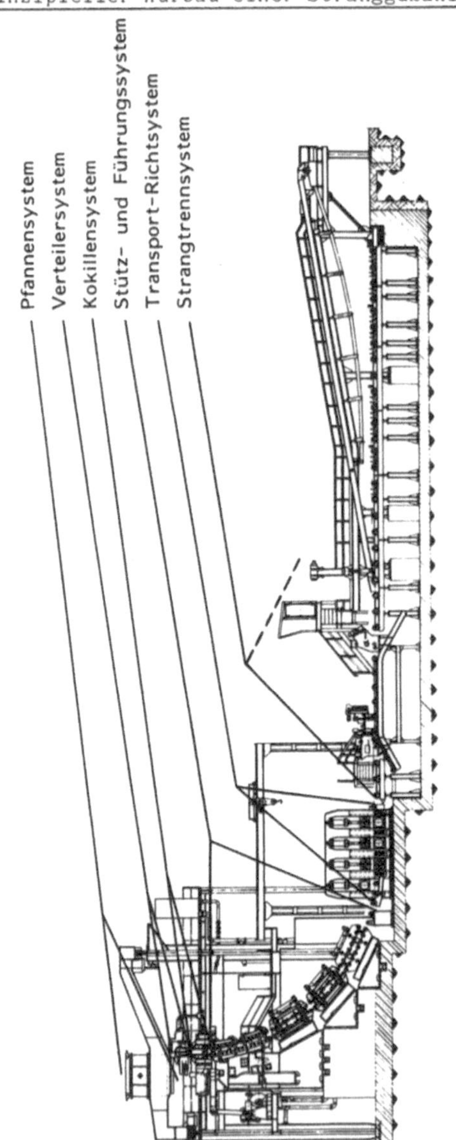

Abb. 12-1:   Prinzipieller Aufbau einer Stranggußanlage (in Anlehnung an BAUMANN 1976, S. 183)

Anhang 3 Eindimensionale Analyse (Überblick über das Unter-suchungsfeld)

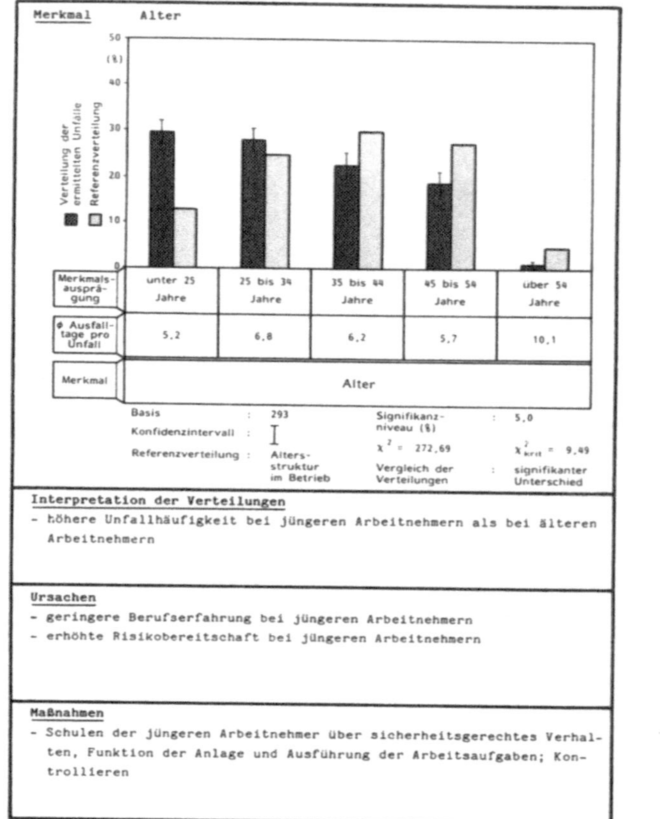

Abb. 12-2: Analyse des Merkmals "Alter"

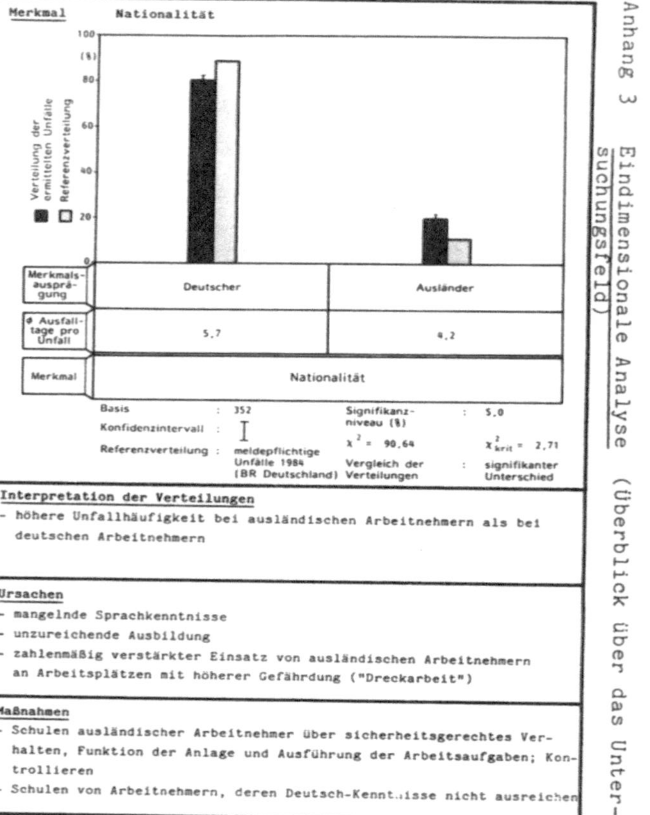

Abb. 12-3: Analyse des Merkmals "Nationalität"

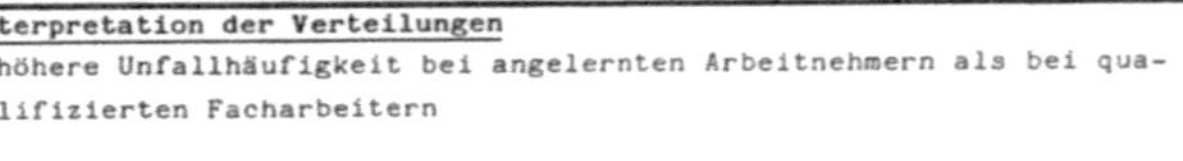

Merkmal Dauer der Beschäftigung am Arbeitsplatz

Merkmalsausprägung	0 bis 3 Monate	3 bis 6 Monate	6 bis 12 Monate	12 bis 36 Monate	36 bis 60 Monate
⌀ Ausfalltage pro Unfall	22,1	5,0	6,9	11,7	10,2
Merkmal	Dauer der Beschäftigung am Arbeitsplatz				

Basis	: 199	Signifikanzniveau (%)	: 5,0
Konfidenzintervall	: I	$\chi^2 = 8{,}47$	$\chi^2_{krit} = 7{,}78$
Referenzverteilung	: erwartete Unfälle je Quartal (Gleichverteilung)	Vergleich der Verteilungen	: signifikanter Unterschied

Interpretation der Verteilungen

- höhere Unfallhäufigkeit bei Arbeitsplatzneulingen als bei Arbeitnehmern, die bereits länger am betreffenden Arbeitsplatz beschäftigt waren
- überdurchschnittlich schwere Unfälle bei Arbeitsplatzneulingen

Ursachen

- fehlende Übung bei Arbeitsplatzneulingen
- Unkenntnis der Gefährdungen

Maßnahmen

- Schulen der Arbeitsplatzneulinge über sicherheitsgerechtes Verhalten, Funktion der Anlage und Ausführung der Arbeitsaufgaben; Kontrollieren

Abb. 12-4: Analyse des Merkmals "Dauer der Beschäftigung am Arbeitsplatz"

Merkmal Ausbildung

Merkmalsausprägung	Meister, Führungskraft	Facharbeiter	angelernte Arbeiter
⌀ Ausfalltage pro Unfall	18,7	15,3	18,7
Merkmal	Ausbildung		

Basis	: 210	Signifikanzniveau (%)	: 5,0
Konfidenzintervall	: I	$\chi^2 = 7{,}67$	$\chi^2_{krit} = 4{,}61$
Referenzverteilung	: Verteilung der Positionen aller Beschäftigten	Vergleich der Verteilungen	: signifikanter Unterschied

Interpretation der Verteilungen

- höhere Unfallhäufigkeit bei angelernten Arbeitnehmern als bei qualifizierten Facharbeitern

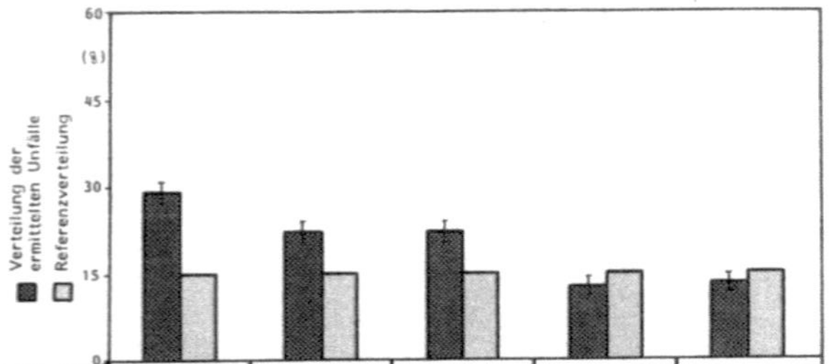

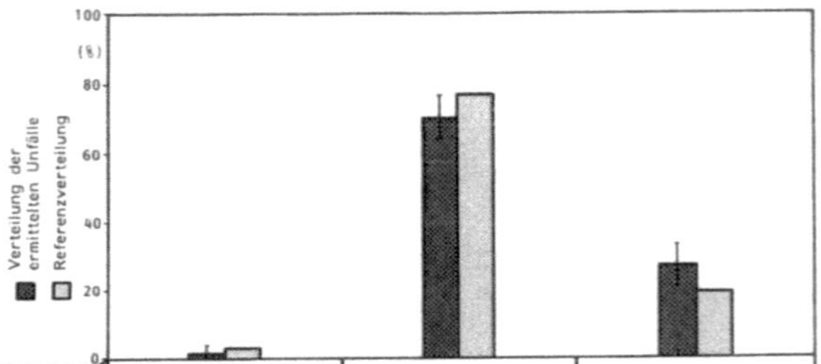

Ursachen

- fehlende Übung bei angelernten Arbeitnehmern
- Unkenntnis der Gefährdungen

Maßnahmen

- Schulen der angelernten Arbeitnehmer über sicherheitsgerechtes Verhalten, Funktion der Anlage und Ausführung der Arbeitsaufgaben; Kontrollieren

Abb. 12-5: Analyse des Merkmals "Ausbildung"

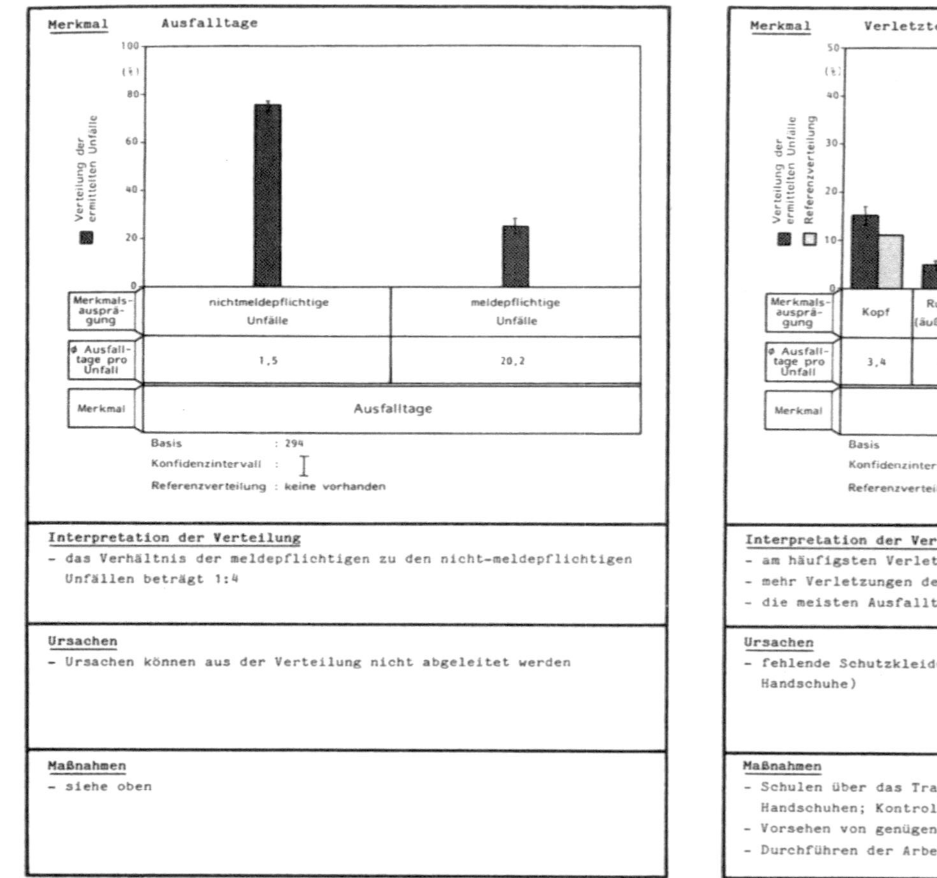

Interpretation der Verteilung

- das Verhältnis der meldepflichtigen zu den nicht-meldepflichtigen Unfällen beträgt 1:4

Ursachen

- Ursachen können aus der Verteilung nicht abgeleitet werden

Maßnahmen

- siehe oben

Abb. 12-6: Analyse des Merkmals "Ausfalltage"

Interpretation der Verteilungen

- am häufigsten Verletzungen an der Hand
- mehr Verletzungen des Kopfes als im Bundesdurchschnitt
- die meisten Ausfalltage bei Fußverletzungen

Ursachen

- fehlende Schutzkleidung (insb. Sicherheitsschuhe, Schutzhelme, Handschuhe)

Maßnahmen

- Schulen über das Tragen von Sicherheitsschuhen, Schutzhelmen und Handschuhen; Kontrollieren
- Vorsehen von genügend Raum für die Instandhalter
- Durchführen der Arbeit möglichst in der Instandhaltungswerkstatt

Abb. 12-7: Analyse des Merkmals "Verletzter Körperteil"

Merkmal **Verletzungsart**

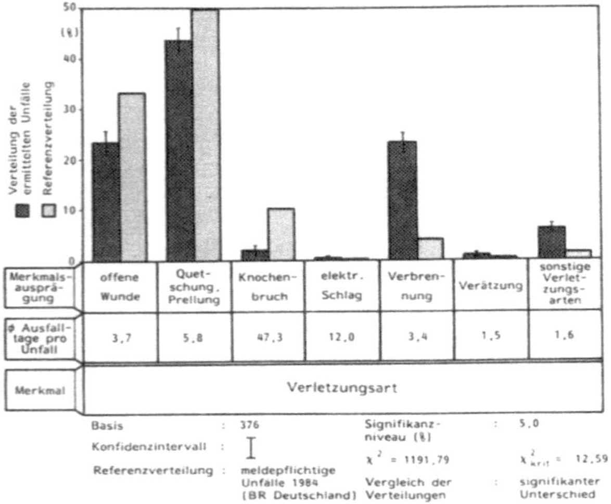

Interpretation der Verteilungen

- am häufigsten Quetschungen
- mehr Verbrennungen als im Bundesdurchschnitt (5-fach)
- weniger Knochenbrüche als im Bundesdurchschnitt

Ursachen

- fehlende Schutzkleidung (z.B. Schutzhelme, Handschuhe)

Maßnahmen

- Schulen über das Tragen von Schutzhelmen und Handschuhen; Kontrollieren

Abb. 12-8: Analyse des Merkmals "Verletzungsart"

Merkmal **Zeit seit Schichtbeginn**

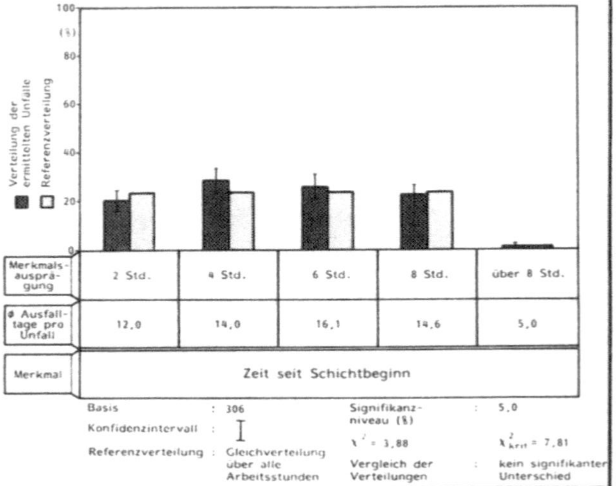

Interpretation der Verteilungen

- kein signifikanter Unterschied

Ursachen

- keine Ursachenermittlung möglich (s.o.)

Maßnahmen

- keine Maßnahmenermittlung möglich (s.o.)

Abb. 12-9: Analyse des Merkmals "Zeit seit Schichtbeginn"

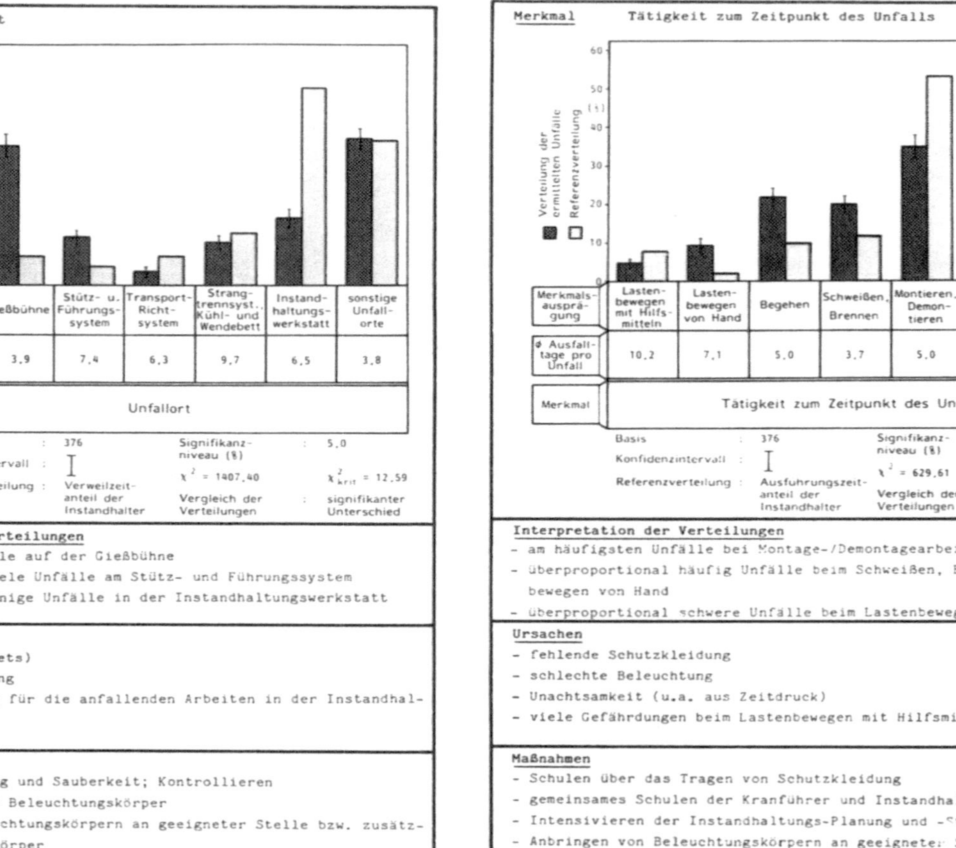

Merkmal: Unfallort

Merkmals-ausprägung	Pfannen-system	Gießbühne	Stütz- u. Führungs-system	Transport-Richt-system	Strang-trennsyst. Kühl- und Wendebett	Instand-haltungs-werkstatt	sonstige Unfall-orte
⌀ Ausfall-tage pro Unfall	4,8	3,9	7,4	6,3	9,7	6,5	3,8
Merkmal	Unfallort						

Basis : 376
Konfidenzintervall : I
Referenzverteilung : Verweilzeit-anteil der Instandhalter
Signifikanz-niveau (%) : 5.0
$\chi^2 = 1407.40$
$\chi^2_{krit} = 12.59$
Vergleich der Verteilungen : signifikanter Unterschied

Interpretation der Verteilungen
- am häufigsten Unfälle auf der Gießbühne
- überproportional viele Unfälle am Stütz- und Führungssystem
- überproportional wenige Unfälle in der Instandhaltungswerkstatt

Ursachen
- Verschmutzung (Pellets)
- schlechte Beleuchtung
- beste Voraussetzung für die anfallenden Arbeiten in der Instandhaltungswerkstatt

Maßnahmen
- Schulen über Ordnung und Sauberkeit; Kontrollieren
- besseres Warten der Beleuchtungskörper
- Anbringen von Beleuchtungskörpern an geeigneter Stelle bzw. zusätzliche Beleuchtungskörper
- Durchführen der Arbeiten möglichst in der Instandhaltungswerkstatt

Abb. 12-10: Analyse des Merkmals "Unfallort"

Merkmal: Tätigkeit zum Zeitpunkt des Unfalls

Merkmals-ausprägung	Lasten-bewegen mit Hilfs-mitteln	Lasten-bewegen von Hand	Begehen	Schweißen, Brennen	Montieren, Demon-tieren	Reinigen, Auf-räumen	sonstige Tätig-keiten
⌀ Ausfall-tage pro Unfall	10,2	7,1	5,0	3,7	5,0	5,0	5,5
Merkmal	Tätigkeit zum Zeitpunkt des Unfalls						

Basis : 376
Konfidenzintervall : I
Referenzverteilung : Ausführungszeit-anteil der Instandhalter
Signifikanz-niveau (%) : 5.0
$\chi^2 = 629.61$
$\chi^2_{krit} = 12.59$
Vergleich der Verteilungen : signifikanter Unterschied

Interpretation der Verteilungen
- am häufigsten Unfälle bei Montage-/Demontagearbeiten
- überproportional häufig Unfälle beim Schweißen, Begehen, Lastenbewegen von Hand
- überproportional schwere Unfälle beim Lastenbewegen mit Hilfsmitteln

Ursachen
- fehlende Schutzkleidung
- schlechte Beleuchtung
- Unachtsamkeit (u.a. aus Zeitdruck)
- viele Gefährdungen beim Lastenbewegen mit Hilfsmitteln

Maßnahmen
- Schulen über das Tragen von Schutzkleidung
- gemeinsames Schulen der Kranführer und Instandhalter; Kontrollieren
- Intensivieren der Instandhaltungs-Planung und -Steuerung
- Anbringen von Beleuchtungskörpern an geeigneter Stelle bzw. zusätzliche Beleuchtungskörper

Abb. 12-11: Analyse des Merkmals "Tätigkeit zum Zeitpunkt des Unfalls"

Merkmal: Unfallgegenstand

Verteilung der ermittelten Unfälle

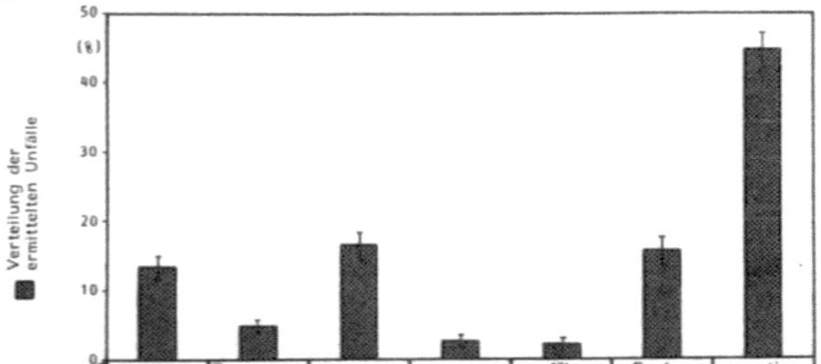

Merkmalsausprägung	Maschine, Betriebsanlage	Transportmittel, Förderanlage	Handwerkzeug	Treppe, Leiter, Gerüst	gefährlicher Arbeitsstoff	Funke, Flamme, Spritzer, Splitter	sonstige Unfallgegenstände
⌀ Ausfalltage pro Unfall	6,0	10,2	4,6	7,7	3,1	3,8	5,2
Merkmal	Unfallgegenstand						

Basis : 376
Konfidenzintervall : I
Referenzverteilung : keine vorhanden

Interpretation der Verteilung

- die meisten Unfälle an Maschinen/Betriebsanlagen, mit Handwerkzeugen, durch Funken/Flammen/Spritzer/Splitter oder einem sonstigen Unfallgegenstand

Ursachen

- fehlende Schutzkleidung (z.B. Handschuhe, Jacke, Schaftstiefel, Schuhe mit Gamaschen, Schutzhelme)
- unsachgemäßer Gebrauch von Handwerkzeug

Maßnahmen

- Schulen über das Tragen von Handschuhen, Jacken, Schutzhelmen, Schaftstiefeln oder Schuhen mit Gamaschen; Kontrollieren
- Schulen im sachgemäßen Gebrauch geeigneten Handwerkzeugs; Kontrollieren

Abb. 12-12: Analyse des Merkmals "Unfallgegenstand"

Merkmal: Unfallvorgang

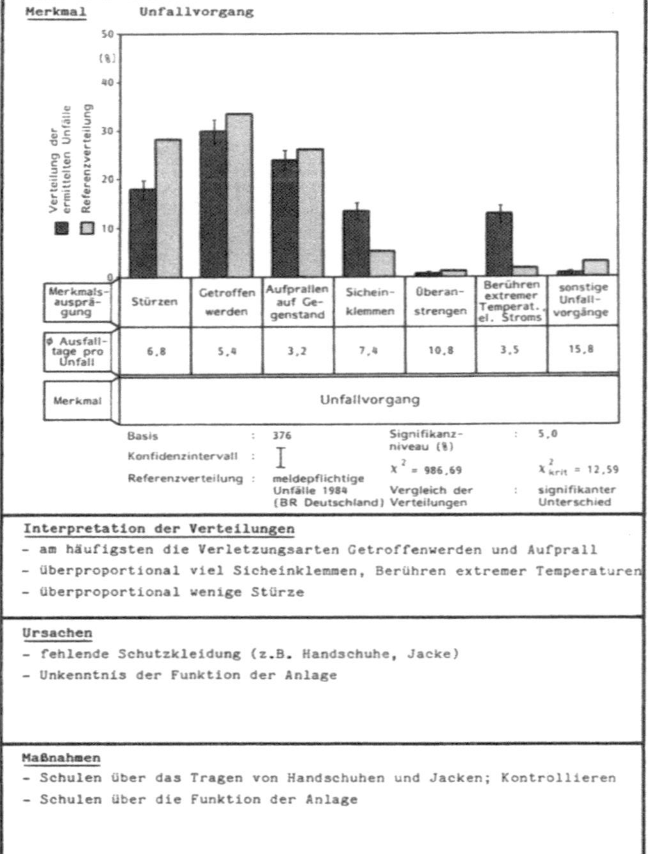

Verteilung der ermittelten Unfälle / Referenzverteilung

Merkmalsausprägung	Stürzen	Getroffen werden	Aufprallen auf Gegenstand	Sicheinklemmen	Überanstrengen	Berühren extremer Temperat. el. Stroms	sonstige Unfallvorgänge
⌀ Ausfalltage pro Unfall	6,8	5,4	3,2	7,4	10,8	3,5	15,8
Merkmal	Unfallvorgang						

Basis : 376
Konfidenzintervall : I
Referenzverteilung : meldepflichtige Unfälle 1984 (BR Deutschland)

Signifikanzniveau (%) : 5,0
$X^2 = 986,69$ $X^2_{krit} = 12,59$
Vergleich der Verteilungen : signifikanter Unterschied

Interpretation der Verteilungen

- am häufigsten die Verletzungsarten Getroffenwerden und Aufprall
- überproportional viel Sicheinklemmen, Berühren extremer Temperaturen
- überproportional wenige Stürze

Ursachen

- fehlende Schutzkleidung (z.B. Handschuhe, Jacke)
- Unkenntnis der Funktion der Anlage

Maßnahmen

- Schulen über das Tragen von Handschuhen und Jacken; Kontrollieren
- Schulen über die Funktion der Anlage

Abb. 12-13: Analyse des Merkmals "Unfallvorgang"

A

Unfalltyp   Beim Lastenbewegen mit Hilfsmitteln vom Anschlaggeschirr getroffen werden

Tätigkeit   : Lastenbewegen mit Hilfsmitteln
Unfallvorgang   : Getroffenwerden
Unfallgegenstand   : Transportmittel/Förderanlage
Unfallhäufigkeit   : 2,2% am Gesamtunfallgeschehen, 8 Unfälle
Unfallschwere   : leichte Unfälle (3,4 Ausfalltage)

Weitere Unfalldaten

Unfallort   : 50% sonstige Unfallorte, 25% Gießbühne

Verletzungsart   : 63% Quetschungen, 38% offene Wunde

**Verletzter
Körperteil**   : 36% Hand, 36% Kopf

Ursachen

- unsachgemäßes Bedienen des Anschlagmittels durch den Kranführer
- unsachgemäßes Bedienen des Anschlagmittels durch den Instandhalter
  (u.a. aus Zeitdruck)
- pendelndes Anschlaggeschirr; heftige, ruckartige Bewegungen des
  Anschlagmittels
- fehlende Schutzkleidung (z.B. Schutzhelm)
- Unterschätzen des Bewegungsraums des Anschlagmittels
- unübersichtliches Arbeitsfeld (kein Sichtkontakt zwischen Führer-
  stand und Anschlagort)
- mangelndes Zusammenwirken von Kranführer und Instandhalter
  (mangelnde Koordination)

Maßnahmen

- intensiveres Schulen der Kranführer über Lastenbewegen mit dem Kran;
  Kontrollieren
- intensiveres Schulen der Instandhalter über Lastenbewegen mit dem
  Kran; Kontrollieren
- gemeinsames Schulen der Kranführer und Instandhalter bezüglich La-
  stenbewegen mit dem Kran (Team); Kontrollieren
- Hinweisen, daß unbenutztes Anschlaggeschirr hoch zu hängen ist; Kon-
  trollieren
- Installieren einer stufenlos regulierbaren Steuerung für den Kran
- Schulen über das Tragen von Schutzhelmen; Kontrollieren
- Einführen von Kamera-Monitor-Systemen und/oder Sprechfunkgeräten für
  den Kranbetrieb

Abb. 12-14: Analyse des Unfalltyps "Beim Lastenbewegen mit
Hilfsmitteln vom Anschlaggeschirr getroffen werden"

B

Unfalltyp   Beim Lastenbewegen mit Hilfsmitteln sich im Anschlaggeschirr einklemmen

Tätigkeit   : Lastenbewegen mit Hilfsmitteln
Unfallvorgang   : Sicheinklemmen
Unfallgegenstand   : Transportmittel/Förderanlage
Unfallhäufigkeit   : 2,7% am Gesamtunfallgeschehen, 10 Unfälle
Unfallschwere   : sehr schwere Unfälle (15,3 Ausfalltage)

Weitere Unfalldaten

Unfallort   : 40% Gießbühne, 40% sonstige Unfallorte

Verletzungsart   : 70% Quetschung, 20% Knochenbruch.

**Verletzter
Körperteil**   : 90% Hand

Ursachen

- unsachgemäßes Bedienen des Anschlagmittels durch den Kranführer
  (z.B. Kette zu tief oder nicht genügend tief gefahren)
- unsachgemäßes Bedienen des Anschlagmittels durch den Instandhalter
  (z.B. Kette zu lang/zu kurz, "verknotete" Kette, falsches Führen
  des Anschlagmittels)
- ruckartiges Anheben der Last
- mangelndes Zusammenwirken von Kranführer und Instandhalter
  (schlechte Koordination)

Maßnahmen

- intensiveres Schulen der Kranführer über Lastenbewegen mit dem Kran;
  Kontrollieren
- intensiveres Schulen der Instandhalter über Lastenbewegen mit dem
  Kran (z.B. Handhabung von Anschlagmitteln); Kontrollieren
- gemeinsames Schulen der Kranführer und Instandhalter bezüglich La-
  stenbewegen mit dem Kran (Team); Kontrollieren
- Vorsehen von genügend Raum für Anschlagmittel
- Vorsehen von genügend Befestigungspunkten für Sicherheitshaken
- Verwenden von Spezialanschlagmitteln für häufig zu transp. Bauteile
- Installieren einer stufenlos regulierbaren Steuerung für den Kran
- Einführen von Kamera-Monitor-Systemen und/oder Sprechfunkgeräten für
  den Kranbetrieb
- Hinweisen auf klare Zeichensprache beim Lastenbewegen mit dem Kran

Abb. 12-15: Analyse des Unfalltyps "Beim Lastenbewegen mit
Hilfsmitteln sich im Anschlaggeschirr einklemmen"

C

Unfalltyp   Beim Lastenbewegen von Hand stürzen

Tätigkeit   : Lastenbewegen von Hand
Unfallvorgang   : Stürzen
Unfallgegenstand : sonstige Unfallgegenstände
Unfallhäufigkeit : 1,6% am Gesamtunfallgeschehen, 6 Unfälle
Unfallschwere   : durchschnittlich schwere Unfälle (6,5 Ausfalltage)

Weitere Unfalldaten

Unfallort   : 33% Gießbühne, 33% sonstige Unfallorte

Verletzungsart   : 67% Quetschung, 33% offene Wunde

**Verletzter
Körperteil**   : 33% Kopf, 33% Rumpf

Ursachen
- Überschätzen der eigenen Kräfte; Unterschätzen der Last
- beengte Platzverhältnisse
- verschmutzte Wege
- herumliegende Gegenstände
- eingeschränktes Sichtfeld (z.B. wegen schlechter Beleuchtung oder
  bei großen, sperrigen Lasten)
- weitere Ursachen sind den Ursachen der Unfalltypen F bis I vergleichbar

Maßnahmen
- Schulen über sachgerechtes Lastenbewegen von Hand (z.B. Lasten zu
  zweit oder mehreren Personen bewegen; Transporthilfsmittel benutzen,
  z.B. Kräne, Wagen, Sackkarren, Schildkröten); Kontrollieren
- Vorsehen von ausreichend Platz zum Begehen
- regelmäßiges Reinigen der häufig zu begehenden Flächen
- Entfernen von herumliegenden Gegenständen
- ausreichendes Kennzeichnen und Beleuchten aller häufig zu begehenden
  Flächen
- Maßnahmen der Unfalltypen F bis I

Abb. 12-16: Analyse des Unfalltyps "Beim Lastenbewegen von
Hand stürzen"

D

Unfalltyp   Beim Lastenbewegen von Hand von einem umfallenden
oder herunterfallenden Gegenstand getroffen werden

Tätigkeit   : Lastenbewegen von Hand
Unfallvorgang   : Getroffenwerden
Unfallgegenstand : sonstige Gegenstände
Unfallhäufigkeit : 5,4% am Gesamtunfallgeschehen, 20 Unfälle
Unfallschwere   : schwere Unfälle (7,6 Ausfalltage)

Weitere Unfalldaten

Unfallort   : 30% sonstige Unfallorte, 30% Gießbühne

Verletzungsart   : 85% Quetschung, 15% offene Wunde

**Verletzter
Körperteil**   : 70% Hand, 20% Fuß

Ursachen
- Überschätzen der eigenen Kräfte; Unterschätzen der Last
- unkorrektes Tragen von Gegenständen (rutschfähige Gegenstände ge-
  stapelt, mehrere Gegenstände auf einmal)
- schlechter Zugang zum Arbeitsort
- unsachgemäßes Lagern von Gegenständen

Maßnahmen
- Schulen über sachgerechtes Lastenbewegen von Hand (z.B. Lasten zu
  zweit oder mehreren Personen bewegen; Transporthilfsmittel benutzen,
  z.B. Kräne, Wagen, Sackkarren, Schildkröten); Kontrollieren
- Anlegen von ausreichenden Lagerungsstellen, die dem Arbeitsplatz
  angemessen sind (definierte Lagerplätze)
- Lagern von Gegenständen nur an dafür vorgesehenen Stellen
- Achten auf gut zugängliche Arbeitsorte
- Schulen über sachgerechtes Lagern; Kontrollieren

Abb. 12-17: Analyse des Unfalltyps "Beim Lastenbewegen von
Hand von einem umfallenden oder herunterfallenden
Gegenstand getroffen werden"

Unfalltyp   Beim Lastenbewegen von Hand einen Gegenstand mit hoher Temperatur berühren   **E**

Tätigkeit   : Lastenbewegen von Hand
Unfallvorgang   : Berühren extremer Temperaturen und el. Stroms
Unfallgegenstand   : sonstige Unfallgegenstände
Unfallhäufigkeit   : 1,6% am Gesamtunfallgeschehen, 6 Unfälle
Unfallschwere   : sehr leichte Unfälle (1,5 Ausfalltage)

Weitere Unfalldaten

Unfallort   : 67% sonstige Unfallorte, 33% Gießbühne
Verletzungsart   : 100% Verbrennung
Verletzter
Körperteil   : 67% Arm, 33% Hand

Ursachen

- Transport von heißen Gegenständen (z.B. solche, die kurz zuvor noch in Betrieb waren)
- unüberlegtes Berühren von Gegenständen
- fehlende Schutzkleidung (z.B. Handschuhe, Jacken)

Maßnahmen

- Hinweisen, daß auf die Temperatur der zu transportierenden Gegenstände zu achten ist
- Schulen über das Tragen von Handschuhen und Jacken; Kontrollieren
- soweit möglich Sichern von heißen Stellen durch Schutzgitter

Abb. 12-18: Analyse des Unfalltyps "Beim Lastenbewegen von Hand einen Gegenstand mit hoher Temperatur berühren"

Unfalltyp   Beim Begehen auf/von einer Maschine oder Betriebsanlage stürzen   **F**

Tätigkeit   : Begehen
Unfallvorgang   : Stürzen
Unfallgegenstand   : Maschine/Betriebsanlage
Unfallhäufigkeit   : 7,9% am Gesamtunfallgeschehen, 29 Unfälle
Unfallschwere   : durchschnittlich schwere Unfälle (5,7 Ausfalltage)

Weitere Unfalldaten

Unfallort   : 28% Gießbühne, 28% sonstige Unfallorte, 21% Strangtrennsystem, 21% Stütz- und Führungssystem
Verletzungsart   : 76% Quetschung, 17% offene Wunde
Verletzter
Körperteil   : 38% Fuß, 31% Bein, 14% Hand

Ursachen

- kein ausreichendes Festhalten beim Begehen
- keine Zusatzsicherungen bei ungünstigen Trittflächen (z.B. durch Handläufe)
- verunreinigte Trittflächen (z.B. Öl, Feuchtigkeit)
- herumliegende Gegenstände (z.B. Pellets, Schlacketeile)
- keine Schuhe mit rutschfesten Schuhsohlen
- beengte Platzverhältnisse
- unzureichende Beleuchtung
- Arbeiten unter Zeitdruck

Maßnahmen

- Hinweisen auf sicherheitsgerechtes Begehen; Kontrollieren
- Vorsehen von ausreichend Handläufen
- Installieren von Gitterrosten statt Riffelblechen als Trittflächen auf Maschinen und Anlagen
- regelmäßiges Reinigen von Trittflächen (z.B. mit Dampfstrahl)
- Reinigen von Trittflächen vor umfangreicheren Instandhaltungsarb.
- Bereitstellen von Schuhen mit rutschfester Sohle
- Vorsehen von ausreichend Platz zum Begehen, insbesondere an häufig zu begehenden Stellen
- Installation von Beleuchtungskörpern an geeigneter Stelle bzw. zusätzliche Beleuchtungskörper an Stellen, die häufig begangen werden
- Intensivieren der Instandhaltungs-Planung und -Steuerung
- besseres Warten der Beleuchtungskörper

Abb. 12-19: Analyse des Unfalltyps "Beim Begehen auf/von einer Maschine oder Betriebsanlage stürzen"

<table>
<tr><td>

Unfalltyp   Beim Begehen von einer Treppe oder einem Gerüst stürzen   **G**

Tätigkeit	: Begehen
Unfallvorgang	: Stürzen
Unfallgegenstand	: Treppe/Leiter/Gerüst
Unfallhäufigkeit	: 2,7% am Gesamtunfallgeschehen, 10 Unfälle
Unfallschwere	: schwere Unfälle (7,7 Ausfalltage)

Weitere Unfalldaten

Unfallort	: 40% sonstige Unfallorte, 20% Stütz- und Führungssystem, 20% Gießbühne, 20% Strangtrennsystem
Verletzungsart	: 80% Quetschung, 20% offene Wunde
Verletzter Körperteil	: 30% Fuß, 20% Bein, 20% Hand

Ursachen

- verschmutzte Treppen und Gerüste (z.B. Öl, Feuchtigkeit)
- fehlende Schutzkleidung (z.B. Schuhe mit rutschfester Sohle)
- ergonomisch ungünstige Gestaltung von Treppen und Gerüsten
- herumliegende Gegenstände (z.B. Schlacketeile, Pellets, Schweißperlen)
- keine ausreichenden Absicherungen
- unzureichende Beleuchtung

Maßnahmen

- regelmäßiges Reinigen von Treppen und Gerüsten
- Reinigen von Treppen und Gerüsten vor umfangreicheren Instandhal.
- Installieren von Beleuchtungskörpern an geeigneter Stelle bzw. zusätzliche Beleuchtungskörper an Treppen und Gerüsten, ggf. Bereitstellen von mobilen Beleuchtungskörpern
- Bereitstellen von Schuhen mit rutschfester Sohle
- Installieren von ergonomisch günstigen Treppen und Gerüsten, insbesondere in häufig zu begehenden Bereichen
- Installieren von Gitterrosten statt Riffelblechen auf Treppen und Gerüsten
- Vorsehen von ausreichend Handläufen, -griffen u. Rückenschutzgittern
- besseres Warten der Beleuchtungskörper
- Installieren von ausreichend Treppen und Gerüsten, ggf. mobile

</td><td>

Unfalltyp   Beim Begehen über einen Gegenstand stürzen   **H**

Tätigkeit	: Begehen
Unfallvorgang	: Stürzen
Unfallgegenstand	: sonstige Unfallgegenstände
Unfallhäufigkeit	: 3,0% am Gesamtunfallgeschehen, 11 Unfälle
Unfallschwere	: schwere Unfälle (7,4 Ausfalltage)

Weitere Unfalldaten

Unfallort	: 36% sonstige Unfallorte, 27% Gießbühne, 18% Strangtrennsystem
Verletzungsart	: 64% Quetschung, 18% offene Wunde
Verletzter Körperteil	: 55% Fuß, 27% Bein

Ursachen

- Unaufmerksamkeit beim Begehen
- beengte Platzverhältnisse
- verschmutzte Gehwege (z.B. Öl)
- herumliegende Gegenstände (z.B. Werkzeuge, Pellets)
- unzureichende Beleuchtung

Maßnahmen

- Vorsehen von ausreichend Platz zum Begehen
- Belehren über Reinigen und vollständiges Aufräumen nach Arbeitsabschluß; Kontrollieren
- Schulen über Ordnung und Sauberkeit während der Arbeit; Kontrollieren
- Installieren von Beleuchtungskörpern an geeigneter Stelle bzw. zusätzliche Beleuchtungskörper an Stellen, die häufig begangen werden
- Klären der Verantwortung über Ordnung und Sauberkeit (Zuständigkeit bei einer Person, z.B. einem Meister, insbesondere bei Mehrschicht-Betrieb)
- besseres Warten der Beleuchtungskörper

</td></tr>
</table>

Abb. 12-20: Analyse des Unfalltyps "Beim Begehen von einer Treppe oder einem Gerüst stürzen"

Abb. 12-21: Analyse des Unfalltyps "Beim Begehen über einen Gegenstand stürzen"

Box I:

Unfalltyp   Beim Begehen gegen einen Gegenstand laufen   **I**

Tätigkeit   : Begehen
Unfallvorgang   : Aufprall auf Gegenstand
Unfallgegenstand   : sonstige Gegenstände
Unfallhäufigkeit   : 6,0% am Gesamtunfallgeschehen, 22 Unfälle
Unfallschwere   : sehr leichte Unfälle (2,2 Ausfalltage)

Weitere Unfalldaten

Unfallort   : 36% sonstige Unfallorte, 32% Gießbühne, 18% Stütz-
                      und Führungssystem
Verletzungsart : 55% Quetschung, 41% offene Wunde

Verletzter   : 41% Kopf, 41% Bein
Körperteil

Ursachen

- Unachtsamkeit beim Begehen
- fehlende Schutzkleidung (z.B. Schutzhelm)
- in Gehwege hineinragende Gegenstände (z.B. wegen unsachgemäßer
  Lagerung)
- unzureichende Beleuchtung

Maßnahmen

- Schulen über das Tragen von Schutzhelmen; Kontrollieren
- Schulen über sachgerechtes Lagern; Kontrollieren
- Markieren von Gehwegen; Kennzeichnen von speziellen Gefahrenbereichen
- Installieren von Beleuchtungskörpern an geeigneter Stelle bzw. zusätzlicher Beleuchtungskörper an Stellen, die häufig begangen werden
- besseres Warten der Beleuchtungskörper

Abb. 12-22: Analyse des Unfalltyps "Beim Begehen gegen einen
            Gegenstand laufen"

Box J:

Unfalltyp   Beim Schweißen/Brennen von einem heißen Spritzer
                 oder Splitter getroffen werden   **J**

Tätigkeit   : Schweißen/Brennen
Unfallvorgang   : Getroffenwerden
Unfallgegenstand   : Splitter/Spritzer/Funke/Flamme
Unfallhäufigkeit   : 10,6% am Gesamtunfallgeschehen, 39 Unfälle
Unfallschwere   : leichte Unfälle (3,4 Ausfalltage)

Weitere Unfalldaten

Unfallort   : 30% sonstige Unfallorte, 26% Gießbühne
Verletzungsart : 92% Verbrennung

Verletzter   : 30% Kopf, 26% Hand, 18% Fuß
Körperteil

Ursachen

- unsachgemäße Bedienung von Schweiß- oder Brenngeräten
- defekte Geräte
- unzureichende Schutzkleidung (z.B. Jacke, Hose, Schuhe)
- beengte Platzverhältnisse; Zwangshaltung (dadurch Reduzierung
  der Schutzwirkung von Schutzmitteln)

Maßnahmen

- Schulen im Umgang mit Schweiß- und Brenngeräten; Kontrollieren
- regelmäßiges Inspezieren und Warten der Schweißgeräte; Verantwort-
  lichkeit bei einer Person
- Hinweisen auf das Tragen von enganliegenden Jacken und Hosen, Schür-
  zen, Schutzbrillen, Schaftstiefeln oder Schuhe mit Gamaschen beim
  Schweißen; Kontrollieren
- Vorsehen von genügend Raum für die Instandhalter
- Arbeiten möglichst in der Instandhaltungswerkstatt durchführen (ggf.
  Modulbauweise notwendig)

Abb. 12-23: Analyse des Unfalltyps "Beim Schweißen/Brennen von
            einem heißen Spritzer oder Splitter getroffen
            werden"

K

Unfalltyp	Beim Schweißen/Brennen von einem umfallenden oder herunterfallenden Gegenstand getroffen werden

Tätigkeit : Schweißen/Brennen
Unfallvorgang : Getroffenwerden
Unfallgegenstand : sonstige Gegenstände
Unfallhäufigkeit : 1,9% am Gesamtunfallgeschehen, 7 Unfälle
Unfallschwere : schwere Unfälle (7,2 Ausfalltage)

Weitere Unfalldaten

Unfallort : 43% Gießbühne, 29% Stütz- und Führungssystem, 29% Strangtrennsystem
Verletzungsart : 86% Quetschung
Verletzter Körperteil : 43% Fuß, 29% Hand, 29% Bein

Ursachen

- unsachgemäßes Losbrennen von Gegenständen, Fehleinschätzungen
- beengte Platzverhältnisse (z.B. beim Beseitigen von Durchbrüchen)
- fehlende Schutzkleidung (z.B. Schuhe)

Maßnahmen

- Schulen im Umgang mit Schweiß-/Brenngeräten; Kontrollieren
- Hinweisen auf gewissenhafte Standortwahl bei Schweißarbeiten; Kontrollieren
- Durchführen der Arbeiten möglichst in der Instandhaltungswerkstatt (z.B. bei beschädigten Segmenten; ggf. Modulbauweise notwendig)
- Schulen über das Tragen von Sicherheitsschuhen; Kontrollieren

Abb. 12-24: Analyse des Unfalltyps "Beim Schweißen/Brennen von einem umfallenden oder herunterfallenden Gegenstand getroffen werden"

L

Unfalltyp	Beim Schweißen/Brennen von einem Funken oder einer Flamme getroffen werden

Tätigkeit : Schweißen/Brennen
Unfallvorgang : Berühren extremer Temperaturen und el. Stroms
Unfallgegenstand : Splitter/Spritzer/Funke/Flamme
Unfallhäufigkeit : 1,9% am Gesamtunfallgeschehen, 7 Unfälle
Unfallschwere : sehr schwere Unfälle (10,9 Ausfalltage)

Weitere Unfalldaten

Unfallort : 57% Gießbühne
Verletzungsart : 86% Verbrennung
Verletzter Körperteil : 57% Hand, 29% Arm

Ursachen

- unkontrollierte Bewegung mit dem Schweißgerät
- unsachgemäße Inbetriebnahme des Schweißgerätes
- defektes, schlecht gewartetes Gerät
- ungenügende Kenntnisse von Schweiß- und Brenngeräten
- fehlende Schutzkleidung (z.B. Handschuhe, Jacken)

Maßnahmen

- Schulen im Umgang mit Schweiß-/Brenngeräten (ggf. nur Instandhalter mit Schweißerbrief einsetzen); Kontrollieren
- regelmäßiges Inspezieren und Warten der Schweißgeräte
- sofortiges Melden von Schäden an Schweißgeräten (ein verantwortlicher Mitarbeiter)
- Schulen über das Tragen von Handschuhen und Jacken; Kontrollieren

Abb. 12-25: Analyse des Unfalltyps "Beim Schweißen/Brennen von einem Funken oder einer Flamme getroffen werden"

Unfalltyp   Beim Schweißen/Brennen einen heißen Gegenstand berühren

Tätigkeit   : Schweißen/Brennen
Unfallvorgang   : Berühren extremer Temperaturen und el. Stroms
Unfallgegenstand   : sonstige Gegenstände
Unfallhäufigkeit   : 6,3% am Gesamtunfallgeschehen, 23 Unfälle
Unfallschwere   : sehr leichte Unfälle (1,9 Ausfalltage)

Weitere Unfalldaten

Unfallort   : 43% Gießbühne, 39% sonstige Unfallorte
Verletzungsart   : 96% Verbrennung
Verletzter
Körperteil   : 52% Arm, 39% Hand

Ursachen
- Berühren von beim Schweißen/Brennen erhitzten Teilen
- beengte Platzverhältnisse
- fehlende Schutzkleidung (z.B. Schweißerjacken, Handschuhe)

Maßnahmen
- Hinweisen, daß auf die Temperatur der beim Schweißen erhitzten Teile
  zu achten ist
- Vorsehen von genügend Raum für die Instandhalter
- Durchführen von Arbeiten möglichst in der Instandhaltungswerkstatt
- Schulen über das Tragen von Schweißerjacken und Handschuhen; Kontrollieren

Abb. 12-26: Analyse des Unfalltyps "Beim Schweißen/Brennen
einen heißen Gegenstand berühren"

Unfalltyp   Beim Montieren/Demontieren über einen Gegenstand stürzen

Tätigkeit   : Montieren/Demontieren
Unfallvorgang   : Stürzen
Unfallgegenstand   : sonstige Unfallgegenstände
Unfallhäufigkeit   : 2,5% am Gesamtunfallgeschehen, 9 Unfälle
Unfallschwere   : schwere Unfälle (6,8 Ausfalltage)

Weitere Unfalldaten

Unfallort   : 44% Stütz- und Führungssystem, 22% sonstige Unfallorte
Verletzungsart   : 56% Quetschung, 44% offene Wunde
Verletzter
Körperteil   : 44% Bein, 22% Rumpf

Ursachen
- Unachtsamkeit (u.a. aus Zeitdruck)
- ungenügende Stand- und Trittsicherung
- beengte Platzverhältnisse
- verschmutzte Standfläche
- herumliegende Gegenstände
- unzureichende Beleuchtung

Maßnahmen
- Intensivieren der Instandhaltungs-Planung und -Steuerung
- Installieren von Gitterrosten statt Riffelblechen, an Stellen an
  denen häufig Montage-/Demontagearbeiten durchgeführt werden
- Vorsehen von genügend Raum für Instandhalter, insb. an den Stellen,
  an denen häufig Montage- und Demontagearbeiten durchgeführt werden
- Hinweisen auf Ordnung und Sauberkeit; Kontrollieren
- Installieren von Beleuchtungskörpern an geeigneter Stelle bzw. zu-
  sätzliche Beleuchtungskörper an Stellen an denen häufig Montage-/
  Demontagearbeieten durchgeführt werden; ggf. mobile Handlampen
- regelmäßiges Reinigen von Standflächen
- Reinigen von Standflächen vor umfangreicheren Instandhaltungsarbeiten
- besseres Warten der Beleuchtungskörper

Abb. 12-27: Analyse des Unfalltyps "Beim Montieren/Demontieren
über einen Gegenstand stürzen"

Unfalltyp	Beim Montieren/Demontieren von einem gefährlichen Arbeitsstoff (insb. ätzendes Öl) getroffen werden	**O**

Tätigkeit : Montieren/Demontieren
Unfallvorgang : Getroffenwerden
Unfallgegenstand : gefährliche Arbeitsstoffe
Unfallhäufigkeit : 1,6% am Gesamtunfallgeschehen, 6 Unfälle
Unfallschwere : sehr leichte Unfälle (1,5 Ausfalltage)

Weitere Unfalldaten

Unfallort : 50% sonstige Unfallorte, 33% IH-Werkstatt
Verletzungsart : 67% Verätzung, 33% sonstige Verletzungsarten
Verletzter Körperteil : 100% Kopf

Ursachen

- unsachgemäße Montage und Demontage an nicht energiefreien Anlagen
- Unkenntnis der Arbeitsaufgabe und der Anlagenstruktur
- fehlende Schutzkleidung (insbesondere Brillen)
- Unachtsamkeit (u.a. aus Zeitdruck)

Maßnahmen

- Schulen und Belehren über die Funktion der Anlage
- Schulen über das Tragen von Schutzbrillen; Kontrollieren
- Intensivieren der Instandhaltungs-Planung und -Steuerung

Abb. 12-28: Analyse des Unfalltyps "Beim Montieren/Demontieren von einem gefährlichen Arbeitsstoff (insb. Öl) getroffen werden"

Unfalltyp	Beim Montieren/Demontieren von einem umfallenden oder herunterfallenden Gegenstand getroffen werden	**P**

Tätigkeit : Montieren/Demontieren
Unfallvorgang : Getroffenwerden
Unfallgegenstand : sonstige Unfallgegenstände
Unfallhäufigkeit : 5,2% am Gesamtunfallgeschehen, 19 Unfälle
Unfallschwere : sehr schwere Unfälle (9,5 Ausfalltage)

Weitere Unfalldaten

Unfallort : 32% Gießbühne, 21% sonstige Unfallorte, 21% Strang-trennsystem, 16% IH-Werkstatt
Verletzungsart : 53% Quetschung, 37% offene Wunde
Verletzter Körperteil : 26% Hand, 21% Fuß, 21% Kopf

Ursachen

- Unachtsamkeit (u.a. aus Zeitdruck)
- fehlende Sicherung und Sicherungsmöglichkeiten
- fehlende Schutzkleidung (z.B. Schutzhelm, Sicherheitsschuhe)

Maßnahmen

- Intensivieren der Instandhaltungs-Planung und -Steuerung
- Angeben von Befestigungspunkten im Instandhaltungs-Arbeitsplan für die Sicherung von Bauteilen
- Ausführen von Arbeiten möglichst in der Instandhaltungswerkstatt
- Schulen über das Tragen von Schutzhelmen und Sicherheitsschuhen; Kontrollieren

Abb. 12-29: Analyse des Unfalltyps "Beim Montieren/Demontieren von einem umfallenden oder herunterfallenden Gegenstand getroffen werden"

Unfalltyp   Beim Montieren/Demontieren auf ein Maschinenteil prallen nachdem ein Handwerkzeug abgerutscht ist | Q |

Tätigkeit   : Montieren/Demontieren
Unfallvorgang   : Aufprall auf Gegenstand
Unfallgegenstand   : Handwerkzeug
Unfallhäufigkeit   : 10,1% am Gesamtunfallgeschehen, 37 Unfälle
Unfallschwere   : leichte Unfälle (3,8 Ausfalltage)

Weitere Unfalldaten

Unfallort   : 30% sonstige Unfallorte, 19% Gießbühne, 16% Stütz-
                     und Führungssystem, 16% IH-Werkstatt
Verletzungsart   : 51% Quetschung, 43% offene Wunde

Verletzter   : 65% Hand, 14% Kopf, 11% Arm
Körperteil

Ursachen

- unsachgemäße Handhabung von Handwerkzeugen
- Einsatz falschen Werkzeugs (z.B. selbstgebautes Handwerkzeug,
  Pumpenzange statt Maulschlüssel)
- beengte Platzverhältnisse; Zwangshaltung
- hoher Kraftaufwand bei schwergängigen Schrauben
- verschmutzte Oberfläche des Arbeitsgegenstandes (z.B. Fett, Öl
  auf Muttern, Rost)

Maßnahmen

- Schulen im sachgerechten Gebrauch geeigneten Handwerkzeugs; Kon-
  trollieren
- Angabe geeigneten Werkzeugs im Instandhaltungs-Arbeitsplan
- Vorsehen von genügend Raum für die Instandhalter
- Durchführen der Arbeiten möglichst in der Instandhaltungswerkstatt
- Reinigen des Arbeitsgegenstandes vor Instandhaltungsarbeiten ("gän-
  gig machen")

Abb. 12-30: Analyse des Unfalltyps "Beim Montieren/Demontieren
auf ein Maschinenteil prallen nachdem ein Handwerkzeug abgerutscht ist"

Unfalltyp   Beim Montieren/Demontieren auf einen spitzen/schar-fen Gegenstand (Kante, Draht, Schneide) prallen | R |

Tätigkeit   : Montieren/Demontieren
Unfallvorgang   : Aufprall auf Gegenstand
Unfallgegenstand   : sonstige Gegenstände
Unfallhäufigkeit   : 3,0% am Gesamtunfallgeschehen, 11 Unfälle
Unfallschwere   : sehr leichte Unfälle (2,4 Ausfalltage)

Weitere Unfalldaten

Unfallort   : 27% Gießbühne, 27% IH-Werkstatt, 27% sonstige
                     Unfallorte
Verletzungsart   : 64% offene Wunde, 36% sonstige Verletzungsarten

Verletzter   : 73% Hand
Körperteil

Ursachen

- unsachgemäßes Handhaben von Werkzeugen und Gegenständen
- beengte Platzverhältnisse
- Montage und Demontage in der Nähe spitzer oder scharfkantiger
  oder an solchen Gegenständen
- Unachtsamkeit (u.a. aus Zeitdruck)
- fehlende Schutzkleidung (z.B. Handschuhe)

Maßnahmen

- Schulen im sachgerechten Gebrauch geeigneten Handwerkzeugs; Kon-
  trollieren
- Vorsehen von genügend Raum für die Instandhalter
- Durchführen der Arbeiten möglichst in der Instandhaltungswerkstatt
- Schulen über das Tragen von Handschuhen; Kontrollieren
- Entfernen von spitzen oder scharfkantigen Gegenständen vor Instand-
  haltungsarbeiten (ggf. Abdecken); Kontrollieren
- Intensivieren der Instandhaltungs-Planung und -Steuerung

Abb. 12-31: Analyse des Unfalltyps "Beim Montieren/Demontieren
auf einen spitzen/scharfen Gegenstand (Kante,
Draht, Schneide) prallen"

Unfalltyp	Beim Montieren/Demontieren sich in einem Maschinen-/Anlagenteil klemmen [S]
Tätigkeit	: Montieren/Demontieren
Unfallvorgang	: Sicheinklemmen
Unfallgegenstand	: Maschine/Betriebsanlage
Unfallhäufigkeit	: 4,4% am Gesamtunfallgeschehen, 16 Unfälle
Unfallschwere	: durchschnittlich schwere Unfälle (4,2 Ausfalltage)

Weitere Unfalldaten

Unfallort	: 44% Gießbühne, 31% sonstige Unfallorte
Verletzungsart	: 75% Quetschung, 19% offene Wunde
Verletzter Körperteil	: 94% Hand

Ursachen

- Unachtsamkeit (u.a. aus Zeitdruck)
- Unkenntnis der Anlagenstruktur
- beengte Platzverhältnisse

Maßnahmen

- Intensivieren der Instandhaltungs-Planung und -Steuerung
- Schulen und Belehren über die Funktion der Anlage
- Vorsehen von genügend Raum für die Instandhalter (insbesondere an Stellen an denen häufig Montage- und Demontagearbeiten durchgeführt werden)

Abb. 12-32: Analyse des Unfalltyps "Beim Montieren/Demontieren sich in einem Maschinen-/Anlagenteil klemmen"

Unfalltyp	Beim Montieren/Demontieren aufgrund eines Hammerfehlschlages getroffen werden [T]
Tätigkeit	: Montieren/Demontieren
Unfallvorgang	: Sicheinklemmen
Unfallgegenstand	: Handwerkzeug
Unfallhäufigkeit	: 4,9% am Gesamtunfallgeschehen, 18 Unfälle
Unfallschwere	: durchschnittlich schwere Unfälle (6,1 Ausfalltage)

Weitere Unfalldaten

Unfallort	: 28% Gießbühne, 28% sonstige Unfallorte, 22% IH-Werkstatt
Verletzungsart	: 72% Quetschung, 28% offene Wunde
Verletzter Körperteil	: 89% Hand

Ursachen

- beengte Platzverhältnisse, Zwangshaltung
- verschmutzte Oberfläche des Arbeitsgegenstandes (Fett, Öl, Feuchtigkeit)
- unzureichende Beleuchtung
- Unachtsamkeit (u.a. aus Zeitdruck)

Maßnahmen

- Vorsehen von genügend Raum für die Instandhalter
- Durchführen von Arbeiten möglichst in der Instandhaltungswerkstatt
- Reinigen des Arbeitsgegenstandes vor Instandhaltungsarbeiten
- Installieren von Beleuchtungskörpern an geeigneter Stelle bzw. zusätzliche Beleuchtungskörper an Stellen, an denen häufig Montage-/Demontagearbeiten durchgeführt werden; ggf. Bereitstellen mobiler Beleuchtungskörper
- Intensivieren der Instandhaltungs-Planung und -Steuerung
- besseres Warten der Beleuchtungskörper

Abb. 12-33: Analyse des Unfalltyps "Beim Montieren/Demontieren aufgrund eines Hammerfehlschlages getroffen werden"

Unfalltyp Beim Montieren/Demontieren einen heißen Gegenstand berühren [U]

Tätigkeit	: Montieren/Demontieren
Unfallvorgang	: Berühren extremer Temperaturen und el. Stroms
Unfallgegenstand	: sonstige Unfallgegenstände
Unfallhäufigkeit	: 1,9% am Gesamtunfallgeschehen, 7 Unfälle
Unfallschwere	: sehr leichte Unfälle (2,1 Ausfalltage)

Weitere Unfalldaten

Unfallort	: 57% Gießbühne, 29% sonstige Unfallorte
Verletzungsart	: 86% Verbrennung
Verletzter Körperteil	: 57% Arm, 29% Hand

Ursachen

- Unachtsamkeit (u.a. aus Zeitdruck)
- Berühren von Maschinen-/Anlagenteilen, die kurz zuvor noch in Betrieb waren
- Unkenntnis der Anlagenstruktur
- fehlende Schutzkleidung (z.B. Handschuhe)

Maßnahmen

- Intensivieren der Instandaltungs-Planung und -Steuerung
- Hinweisen, daß auf die Temperatur der zu montierenden/demontierenden Teile zu achten ist
- Schulen und Belehren über die Funktion der Anlage
- soweit möglich Sichern von heißen Stellen durch Schutzgitter
- Schulen über das Tragen von Handschuhen; Kontrollieren

Abb. 12-34: Analyse des Unfalltyps "Beim Montieren/Demontieren einen heißen Gegenstand berühren"

Unfalltyp Beim Reinigen/Aufräumen gegen einen Gegenstand stoßen [V]

Tätigkeit	: Aufräumen/Reinigen
Unfallvorgang	: Aufprall auf Gegenstand
Unfallgegenstand	: sonstige Unfallgegenstände
Unfallhäufigkeit	: 1,6% am Gesamtunfallgeschehen, 6 Unfälle
Unfallschwere	: sehr leichte Unfälle (2,5 Ausfalltage)

Weitere Unfalldaten

Unfallort	: 33% Gießbühne, 33% IH-Werkstatt, 33% sonstige Unfallorte
Verletzungsart	: 83% offene Wunde
Verletzter Körperteil	: 83% Hand

Ursachen

- Unachtsamkeit der Gegebenheiten an der Reinigungsstelle (u.a. aus Zeitdruck)
- fehlende Schutzkleidung (z.B. Handschuhe)

Maßnahmen

- Intensivieren der Instandhaltungs-Planung und -Steuerung
- Belehren über Aufräumungs- und Reinungsarbeiten als vollwertige, verantwortungsvolle Arbeitsgänge
- Schulen über das Tragen von Handschuhen; Kontrollieren

Abb. 12-35: Analyse des Unfalltyps "Beim Reinigen/Aufräumen gegen einen Gegenstand stoßen"

Unfalltyp   Bei Tätigkeiten im Zusammenhang mit zerspanenden Verfahren von Funken oder Splitter getroffen werden   **W**

Tätigkeit	: sonstige Tätigkeiten
Unfallvorgang	: Getroffenwerden
Unfallgegenstand	: Splitter/Spritzer/Funke/Flamme
Unfallhäufigkeit	: 1,6% am Gesamtunfallgeschehen, 6 Unfälle
Unfallschwere	: leichte Unfälle (3,2 Ausfalltage)

Weitere Unfalldaten

Unfallort	: 50% IH-Werkstatt, 33% Gießbühne
Verletzungsart	: 67% sonstige Verletzungsarten
Verletzter Körperteil	: 83% Kopf

Ursachen

- unsachgemäßes Bedienen von Zerspanmaschinen
- ungenügende Abschirmung des Arbeitsortes (z.B. Spritzschirm)
- fehlende Schutzkleidung (z.B. Schutzhelme, Brillen)

Maßnahmen

- Schulen im sachgerechten Umgang mit Zerspanmaschinen; Kontrollieren
- Anbringen von besseren Abschirmungen um die Arbeitsorte, an denen Funken und Splitter entstehen
- Schulen über das Tragen von Schutzhelmen und Schutzbrillen; Kontrollieren

Abb. 12-36: Analyse des Unfalltyps "Bei Tätigkeiten im Zusammenhang mit zerspanenden Verfahren von Funken oder Splittern getroffen werden"

Unfalltyp   Bei mechanischen Trennarbeiten auf einen Gegenstand prallen nachdem ein Werkzeug abgerutscht ist   **X**

Tätigkeit	: sonstige Tätigkeiten
Unfallvorgang	: Aufprall auf Gegenstand
Unfallgegenstand	: Handwerkzeug
Unfallhäufigkeit	: 1,6% am Gesamtunfallgeschehen, 6 Unfälle
Unfallschwere	: durchschnittlich schwere Unfälle (4,4 Ausfalltage)

Weitere Unfalldaten

Unfallort	: 50% IH-Werkstatt, 33% sonstige Unfallorte
Verletzungsart	: 67% offene Wunde, 33% Quetschung
Verletzter Körperteil	: 67% Hand, 33% Bein

Ursachen

- Unachtsamkeit (u.a. aus Zeitdruck)
- unsachgemäßes Bedienen von Trenn- und Schneidegeräten
- fehlende Schutzkleidung (z.B. Handschuhe)

Maßnahmen

- Intensivieren der Instandhaltungs-Planung und -Steuerung
- Schulen im sachgerechten Umgang mit Trenn- und Schneidemaschinen; Kontrollieren
- Schulen über das Tragen von Handschuhen; Kontrollieren

Abb. 12-37: Analyse des Unfalltyps "Bei mechanischen Trennarbeiten auf einen Gegenstand prallen nachdem ein Werkzeug abgerutscht ist"

<u>**Unfalltyp**</u>   Bei sonstigen Tätigkeiten auf einen Gegenstand prallen $\boxed{Y}$

Tätigkeit	: sonstige Tätigkeiten
Unfallvorgang	: Aufprall auf Gegenstand
Unfallgegenstand	: sonstige Gegenstände
Unfallhäufigkeit	: 1,9% am Gesamtunfallgeschehen, 7 Unfälle
Unfallschwere	: leichte Unfälle (3,7 Ausfalltage)

<u>**Weitere Unfalldaten**</u>

Unfallort	: 43% IH-Werkstatt, 29% Gießbühne, 29% sonstige Unfallorte
Verletzungsart	: 71% offene Wunde, 29% Quetschung
Verletzter Körperteil	: 71% Hand, 29% Arm

<u>**Ursachen**</u>

- fehlende Schutzkleidung (z.B. Handschuhe, Jacken)

<u>**Maßnahmen**</u>

- Schulen über das Tragen von Handschuhen und Jacken; Kontrollieren

<u>Abb. 12-38</u>: Analyse des Unfalltyps "Bei sonstigen Tätigkeiten auf einen Gegenstand prallen"

FIR + IAW
Forschung für die Praxis

Berichte aus dem Forschungsinstitut für Rationalisierung (FIR), Aachen, und dem Lehrstuhl und Institut für Arbeitswissenschaft (IAW) der Rheinisch-Westfälischen Technischen Hochschule Aachen.

Herausgeber: Univ.-Prof. Dr.-Ing. R. Hackstein

22 **Sicherheit bei Instandhaltungsarbeiten**
Von P. Hartung. ISBN 3-540-50748-5.
1989, 189 Seiten mit 81 Abbildungen   68,- DM